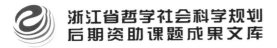

浙江省哲学社会科学规划
后期资助课题成果文库

浙闽地区畲族服饰比较研究

Zhemin Diqu Shezu Fushi Bijiao Yanjiu

陈敬玉 著

中国社会科学出版社

图书在版编目(CIP)数据

浙闽地区畲族服饰比较研究 / 陈敬玉著 . —北京:中国社会科学出版社,2016.5
ISBN 978 - 7 - 5161 - 8521 - 6

Ⅰ. ①浙…　Ⅱ. ①陈…　Ⅲ. ①畲族 – 民族服饰 – 对比研究 – 浙江省、福建省
Ⅳ. ①TS941. 742. 883

中国版本图书馆 CIP 数据核字(2016)第 148301 号

出 版 人	赵剑英
责任编辑	宫京蕾
特约编辑	刘海涛
责任校对	秦　婵
责任印制	何　艳

出　　版	中国社会科学出版社
社　　址	北京鼓楼西大街甲 158 号
邮　　编	100720
网　　址	http://www.csspw.cn
发 行 部	010 - 84083685
门 市 部	010 - 84029450
经　　销	新华书店及其他书店

印刷装订	北京市兴怀印刷厂
版　　次	2016 年 5 月第 1 版
印　　次	2016 年 5 月第 1 次印刷

开　　本	710 × 1000　1/16
印　　张	14.5
插　　页	2
字　　数	235 千字
定　　价	56.00 元

凡购买中国社会科学出版社图书,如有质量问题请与本社营销中心联系调换
电话:010 - 84083683

序

　　我国是一个多民族的国家，幅员辽阔，物产丰富。56 个民族在这片神奇的土地上繁衍生息，和谐发展，组成了民族大家庭，创造出灿烂辉煌的中华文化。

　　在漫长的历史长河中，每个民族都形成了独有的生活方式和文化特色。这其中服饰最具代表性，如装饰亮丽、造型美观的藏族服饰；朴素大方、身披"七星戴月"羊皮披肩的纳西族服饰；鞣制鱼皮做成的赫哲族服饰；工艺精湛、造型丰富的苗族银饰等。各民族的服饰除了御寒保暖、遮体护身和族群标识等实用性外，还有着很好的装饰性和审美价值，蕴含着一定的民族情感、生活情趣和宗教信仰。每个民族的服饰，都有自己鲜明的民族风格、地域特色和文化内涵。

　　畲族是中国东南地区的少数民族之一，主要分布在浙闽地区的山地丘陵地带，那里山路曲折，云雾缭绕，环境优美，民风淳朴。畲族服饰款式多样，工艺精美，对其进行深入细致、多角度、全方位的研究，保护整理畲族服饰遗存，传承畲族服饰文化是十分有意义的。陈敬玉是一个爱读书、善研究、吃得苦、坐得住的人，在苏州大学读博的数年中，一门心思、倾其心力研究浙闽地区的畲族服饰。她背着行囊和摄影包多次深入山乡，足迹遍布浙闽畲族的四乡八岭，查阅相关文献史料，走访非遗传承人，做了大量田野调查、问卷和数据分析，收集了众多一手资料。并在此基础上数易其稿，完成了博士论文《浙闽地区畲族服饰研究》。现在她将论文修改成书，并希望我在前面写上几句。我认为，该书脉络清晰，重点明确，对浙闽地区畲族服饰的历史和现状进行了系统梳理，分析了畲族服饰形制和习俗，明晰各地服饰特征的异同和关联，对浙闽畲族服饰的发展变迁、服饰遗存、艺术审美、工艺技术和传承保护等进行综合研究，作出了令人可信的阐述。本书为该领域的研究填补了空白，具有重要的史料和学术价值。

　　作为她昔日的导师，我为她所取得的成绩感到由衷的高兴。在这里，我也衷心地祝愿她以此为新的起点，百尺竿头更进一步，在学术的道路上走得更远，在专业的天空中飞得更高。

　　是为序。

许星　于姑苏枕河小筑

2015.8.28

自　　序

　　民族服饰是民族文化的重要组成部分,是一个民族的发展历史、文化水平、审美情感、宗教信仰与工艺技术的物化表现。畲族是中国东南地区的少数民族之一,生活在山地丘陵地带,其服饰款式多样、工艺精美,具有独特的民族审美特征和文化内涵。浙闽一带的山区是我国畲族人口分布最为密集的地区,其传统服饰在全国范围内具有一定的普遍性和典型性。分布在浙闽各地的畲族在服饰上既有相似性又各具地域特色,对浙闽地区畲族服饰进行比较研究有利于厘清服饰发展脉络,推动对畲族古老而灿烂的服饰文化的保护和发掘,具有较高的学术价值和重要的现实意义。

　　本书以浙闽地区的畲族服饰为研究对象,从文献资料和田野调查入手对畲族服饰的历史和现状进行了综合研究。在此基础上,运用三证归一法从实物、文献和图像的交会点对服饰形制进行研究;运用比较研究法对浙闽地区畲族服饰形制和习俗进行分析,明晰各地服饰特征的异同和关联;以不限地域的普通民众和畲乡青少年人群为调查对象,运用问卷研究法对畲族服饰认知现状进行调查,进而对畲族服饰的认知现状做出客观的评价。本书对浙闽畲族服饰的发展变迁、服饰遗存、艺术审美、工艺技艺和保护传承等进行了综合研究,主要围绕以下几个方面展开:

　　1. 浙闽两地畲族服饰形制及审美研究。将浙闽地区的畲族服饰分为景宁式、福安式、霞浦式、罗源式和福鼎式五种样式,从基本服饰形制(男装、女装、冠髻、鞋帽和其他服饰品)、丧葬祭祀服饰形制(丧葬服饰和祭祀服饰)和服饰工艺(彩带、镶滚和刺绣)三个方面对其外观形制上的相似性和差异性进行分析和比对,并对其进行平面图的整理绘制。结合畲族历史迁徙路线梳理它们在服装款式、装饰工艺及冠髻佩戴习俗上的脉络性,进而对形成这种外观形制异同和脉络关系的成因进行分析。在此基础上从造型、色彩、图案和意蕴四个维度归纳其审美特征,并结合民族文化背景分析其审美文化内涵和承载媒介。

2. 浙闽地区畲族服饰的现状研究。对当代畲族聚居区中畲族服饰的穿着使用状况进行记录和描述，并对当代社会中畲族服饰发生的嬗变从穿着场合、外观形材、传统工艺和着装心态四个方面进行归纳，进而分析其动因。

3. 畲族服饰的保护传承现状及对策研究。对浙闽地区畲族服饰的保护与传承现状进行分析和总结，畲族服饰认知调查从侧面说明了畲族服饰在大众认知中尚存在的不足以及加强保护与传承工作的必要性和紧迫性。分析了当代畲乡在服饰保护传承中面临的问题和困扰，从物质性和非物质性两方面入手研究畲族服饰的保护与传承对策。

通过研究，整理了浙闽畲族服饰五种代表样式的外观形制，揭示了其外观异同的成因及内部演化的相承性，认为畲族服饰在其民族历史文化和耕猎生活影响下形成了独特的审美特征和文化内涵。在全球经济文化一体化的趋势下，畲族服饰不可避免地产生了一系列变化，应对这些变化，对其保护和传承工作应首先对现状进行整体普查，再结合民族服饰的特性进行服饰遗产的固态保护及服饰文化的活态传承。

目　　录

绪　　论

第一节　研究的背景与对象

一　研究背景

法国符号学家罗兰·巴特（Roland Barthes）说："衣着是规则和符号的系统化状态，它是处于纯粹状态中的语言……时装是在衣服信息层次上的语言和在文字信息层次上的言语"[①]。服饰对于民族地区的穿着者来说，是一种生活模式和文化传统的延续，服饰的状态直观地展现着民族地区的民俗文化、生活状态、审美情趣和工艺技术水平。尤其对于一些没有自己文字的民族而言，服饰以非文本的方式述说着民族的迁移、发展、信仰、生活，也正是服饰的这种作用，使少数民族地区的服饰成为积淀民族心理、情感、历史风貌、民风民俗的物质载体和文化形态，具有重大的文化研究价值。

畲族是我国东南部的少数民族，有自己的语言但没有民族文字，作为中华民族大家庭中的一员，畲族人民在漫长的民族发展历史中创造了独具民族个性和审美意味的服饰文化。在资料收集和实地调查的过程中发现宣传画册、大型歌舞、民族歌会活动中对于畲族服饰典型形象的表达宣传并不一致。畲族的"凤凰装"有几种不同的典型式样，民族歌会中参演的各地演员头饰大致可以分为两类：以浙江、广东为代表的珠饰缀挂型和以福建、江西为代表的绒绳缠绕型。众所周知，少数民族服饰中头饰是带有

[①]　［法］罗兰·巴特：《符号学美学》，董学文、王葵译，辽宁人民出版社 1987 年版，第 21—22 页。

典型区别性的标志，那么为何存在这些差异呢？

笔者在与当地畲民和各地参演的民族演员的交谈中得知："景宁这边都是戴这种珠子的凤冠"、"他们那是福安的式样"等。进一步调查发现畲族服饰虽然源起同宗，但不同地区的装束却有着较大差异，尤以浙江地区的珠饰型凤冠和福建地区的缠裹型凤冠最为典型，甚至各地畲族宣传资料上展现出来的"凤凰装"样式也不尽相同，尤其是头饰"凤凰冠"的差异特别明显。我国少数民族众多，一些人口较多的少数民族分支繁杂，服饰差异也较大，应该说这种因地域产生的差异是民族服饰的普遍现象。但畲族人口不算庞大，族群信仰和文化背景较为一致，居住地多为畲汉杂居，不存在与其他少数民族杂居、混居导致服饰元素相互影响的因素，那么，这种差异的原因何在？是否和民族迁徙的路线及历史有关呢？又是否存在一脉相承的延续性？

在对各类典籍、期刊资料的分析中发现不同地区不同研究者对畲族典型服饰"凤凰装"的描述和图片存在一定的差异性，而针对这种差异性现象及成因的分析却鲜见论述，对于各地畲族服饰的总览也缺乏系统的比较研究。近年来针对畲族传统文化的研究著述渐丰，除了从民族学、民俗学、人类学角度对畲族族源、民俗文化、图腾崇拜等方面的研究和考证外，也不乏对畲族服饰的形制、文化背景的论述，在这些研究中，民族学人类学的相关学者多将畲族服饰归入民俗和社会生活中加以阐述，偏重于记录与描述。另有一些学者从民族服饰文化的角度对畲族服饰进行研究，但这些研究多针对某个单一地域服饰的样式、用色、图案、工艺等典型民族服饰元素，缺少跨地域的综合性研究和比较研究，这一空缺点是当前亟待完善的学术研究领地。

浙闽两省相连，两地畲族人口超过全国畲族人口的七成[①]，具有一定意义上的主体地位，两地的畲族服饰具有典型代表性，同时也呈现出典型的差异性。根据畲族广泛流传的《高皇歌》、族谱记载以及民间故事传说等，都一致提到广东潮州凤凰山是他们的民族发祥地。从畲族迁徙路线来看，从长江中游南迁至广东后，徙福建，又从南到北，最后到达浙南、安徽，这一点是比较清楚的[②]。亦有学者根据史料记载分析认为畲族有可能

[①]　数据来源于 2010 年人口普查统计，来源详见下文注释。

[②]　施联朱：《关于畲族来源与迁徙》，《中央民族学院学报》1983 年第 2 期。

发源于长沙，畲瑶同源，同为武陵蛮后裔，在其后的民族发展中逐渐迁徙至今天的聚居地区。不论何种"族源论"观点，横跨浙闽两省的山区正位于畲族在南方的主要迁移路线上，其服饰对于周边地域的服饰形成具有一定的影响力。浙闽两地畲族服饰的主体性、典型性和影响力是最终将研究范围确定为浙闽地区的重要依据。

此外，在田野考察过程中的所见所闻，使笔者深刻体会到民族服饰文化保护与传承的危机和责任。景宁、宁德等地的畲族村寨中，日常生活中几乎难以见到穿着民族服饰的年轻人，福建山区的村寨中，仅有少数耄耋老妪在日常生活中仍保留着穿民族服饰、梳传统发髻的习惯；浙南山区的畲民日常服饰几与汉族服饰无异，仅在大型民俗活动中穿戴一些简化的新制民族"演出服"，很多地区的畲民日常服饰外观也与汉族服饰完全相同，畲族服饰传统制作工艺的流失，以及彩绣、彩带等服饰手工艺后继乏人的窘迫状况等无不传递着民族服饰传承危机的信号。

二　研究对象

本书的研究对象是浙闽地区的畲族服饰，包括畲族传统服饰、畲民的日常穿着状态、传统畲族服饰的穿着使用现状和服饰文化的保护与传承。据第六次人口普查统计资料显示，2010年我国畲族总人口708651人，主要分布在我国闽、浙、赣、粤、黔、湘、鄂、皖，其中以闽东为主要聚居地的福建畲族人口有365514人，占畲族总人口的51.58%，以浙南为主要聚居地的浙江畲族人口有166276人，占畲族总人口的23.46%[①]。

服饰可以反映出服饰穿着者及其地区的经济状况、生活水平和工艺技术水平，折射出当地人民的民俗环境、宗教信仰、审美情趣、文化心理等。民族文化一脉相承，又随着民族迁移及周边人文地理环境的影响产生了一定的变化，这种变化通过民族服饰直观地表现出来，所以本书将研究对象的范围界定为最具代表性和主体性的浙闽地区，从服饰形制入手对其服饰审美特征、民族文化延续及文化遗产的保护与传承进行研究，并对两

① 根据国家统计局资料 http://www.stats.gov.cn/tjsj/pcsj/rkpc/6rp/indexce.htm。另注：畲族在全国31个省、直辖市、自治区均有分布，按照分布数量由高至低依次为闽、浙、赣、粤、黔、湘、鄂，安徽人数较少，考虑其处于历史上畲族迁徙分布的终点，故加入主要分布区。上海的人数仅次于湖北，但考虑其主要是现代人口流动原因导致故不列入。

地畲族服饰形制上存在的异同进行梳理和比较研究。关于畲族女装的式样，1985 年厦门大学潘宏立在《福建畲族服饰研究》①中将其分为七种式样，分别是罗源式、福安式、霞浦式、福鼎式、顺昌式、光泽式、漳平式，后三种因其人口较少，本身服饰特征性又不够鲜明，呈现萎缩状态，文化涵化程度最高，已逐渐改装为汉族服饰，仅仅在民族节庆中穿着镶花边的大襟衫，闽北顺昌一带"衣服的颈领、袖口、衣襟都以红布镶边，大襟衣服铜纽扣；缚围裙，短裙镶红边。脚穿翘头单鼻绣红花布鞋，少穿袜，常裹白布红边的绑腿。……现在顺昌畲民的服饰与汉人差别不大"②；闽西北与江西交界处的光泽式服饰十分简朴，穿着人数也少，女装已基本汉化失去本来特色；漳平式服装与汉族大襟镶边上衣类似。除顺昌头饰较有特色外，因此三种服饰的非典型性，在女装内不单独作为一个样式来分析，不作为本书主要研究对象。畲族研究学家施联朱先生则综合服饰的典型性与特征性，将福建畲族女装归纳为福安、霞浦、罗源、福鼎四式。这四个地区地处闽东一带畲族村庄和人口较为密集的地方，处于历史上畲民由福建至浙江的迁徙路线上，现代畲民保存下来的服饰遗存较多，也有部分老人尚保留民族传统服饰习俗，亦有学者根据具体样式不同将浙闽畲族服饰分为福鼎式、霞浦式、福安式、罗连式和丽水式③，综合以上几种情况，本书将浙闽畲族服饰分为福安、霞浦、罗源、福鼎、景宁五式。（罗连式也称罗源式。景宁属于丽水地区，丽水式服饰和景宁地区基本服饰相同，本书以景宁畲族自治县之名称之为景宁式。）

第二节　研究的目的与意义

一　研究目的

畲族习惯散居，没有文字仅有语言，其服饰文化的传承存在分散性和代代相传的特点，容易被同化。本研究以畲族传统服饰为对象，综合浙闽

---

① 潘宏立：《福建畲族服饰研究》，硕士学位论文，厦门大学 1985 年，第 6—36 页。

② 《顺昌县志》，中国统计出版社 1994 年版，第 764 页。

③ 《中国少数民族》修订编辑委员会：《中国少数民族》，民族出版社 2009 年版，第 858 页。另注：文中所述"丽水式"应与现景宁畲族自治县服装式样相同，本书中以自治县名称命名为"景宁式"。

两地的畲族服饰进行跨地域的比较研究，希望达到以下目的：

（一）对浙闽畲族服饰进行保护性发掘和整理，初步建立浙闽畲族服饰资料库

浙闽地区的畲族服饰具有一定意义上的普遍性和代表性，两地畲族服饰由于同源同族，在服饰样式、审美情趣、图腾表现和制作工艺上存在一定的共性。但是由于历史上的民族迁徙、居住地域环境和文化变迁等因素的影响，两地服饰的具体形制、工艺细节等又存在一定的差异性。这种差异性如果不加以适当的宣传、教育和引导，很容易导致民众对畲族服饰认知的混淆。同时由于畲族多居住于山区偏远地带，服饰资料分散且缺乏系统整理，通过深入实地考察，对不同类型的畲族服饰形制进行整理，对具有地域代表性的典型服饰、图案等进行复原制图和梳理，初步建立畲族服饰图片资料库，以达到对畲族服饰遗产的保护性发掘和整理的目的。

（二）对浙闽地区的不同畲族服饰分支进行比较

通过比较研究梳理民族服饰发展迁移脉络，寻找浙闽两地服饰同源异貌（形）的原因。浙江、福建两省的山区位于畲族民族迁徙的主要通道上，两地服饰同源异貌（形）的形成有多方面的原因，一地一论式的研究并不适宜系统展示其全貌，难免有只见树木不见森林之憾，笔者希望通过对民族发展迁移路径的考证和梳理研究，探讨浙闽畲族服饰形制异同的影响因素。

（三）探寻经济发展与民族服饰文化保护之间和谐共生的方式及合理的保护和传承途径

民族服饰的衰退与消亡是当代众多民族文化和人类学研究者完成田野工作后留下的担忧和痛心，早在20世纪初国内民族研究者展开畲族文化研究之初就提出了这种担忧，认为畲族服饰几十上百年后几与汉族同矣。所以，在对畲族聚居地服饰现状的调查基础上，结合民族文化保护和非物质文化遗产方面的研究经验与成果，探讨畲族地区经济发展与服饰文化共生共荣的途径，提出服饰文化传承与保护的解决方案设想也是本书的重要目的。

二　研究意义

（一）完善畲族服饰资料，呈现其发展脉络

畲族历史上多迁徙，散居分布于各地的崇山峻岭之中，在田野调查基础

上对浙闽两地畲族服饰现状的收集、整理是对该地区畲族服饰资料的完善。结合文史资料的考证工作，可以完整呈现浙闽地区畲族服饰发展变迁脉络，跨地域的综合系统研究有利于宏观展现畲族服饰、挖掘民族服饰元素、弘扬民族服饰文化、发现民族服饰发展变化的规律并维持稳定和发展。

（二）提供现状调查数据，完善现有研究

鉴于当下对畲族服饰的研究成果中缺乏跨省份、跨地域的研究，不同地域分布及与周边民族的交流对于畲族服饰的形成演变有着重要影响，单一地域的服饰研究难免不够系统全面，而综合性的民族志和文化通论中由于篇幅所限，对畲族服饰部分的论述又不够深入和充分，因此本书对于浙闽两地畲族服饰呈现的异同建立跨地区的横向比较研究有利于弥补学科研究领域的不足，是对现有研究的完善。本研究中所做的"畲族服饰认知调查"为畲族服饰文化保护研究工作提供了数据资料，在以主观感知研究为主的民族服饰研究领域中，问卷数据分析具有一定的客观性，从另一个方面充实了研究的基础。这些数据和实地调查中的所见所闻所感相辅相成，为畲族地区服饰文化的现状评述提供可信的依据。

（三）对民族服饰保护传承途径的探讨具有紧迫性、时代性和普遍性

民族服饰传承保护研究有利于实现经济开发和服饰文化保护传承之间的共生和良性互动，防止经济发展过程中因过度开发而干扰民族服饰文化生态。当下诸多畲族村庄中已经出现民族服饰衰退、服饰生态环境弱化的现象，在满足畲族人民追求经济发展和提升生活水平的前提下，探讨民族服饰保护和传承途径的优化具有很强的紧迫性和时代性。同时这一问题也是我国其他少数民族文化保护工作中的难点和重点，所以该研究还具备一定的普遍性。

（四）有利于保持民族文化的多样性和可持续发展，为民族文化保护工作提供决策依据

服饰是一种历史文化和社会的符号，是人类文化的重要组成部分，是随着民族经济文化发展而不断演化发展的。在经济文化全球化的今天，有学者喊出了"只有民族的才是世界的"口号，各民族历史上形成的价值观念差异形成了今天民族文化的多样性，只有尊重、肯定和保护这种多样性才能促进各民族之间的相互尊重和交流，才能保证民族关系的融洽和稳定。各地对民族服饰文化的旅游开发务必要建立在可持续发展的基础上，不能以牺牲民族服饰文化的正常生态环境为代价换取暂时的经济发展。

第三节　畲族服饰研究现状述评

一　研究的历史与现状

（一）历史上对畲族服饰的研究

畲族是一个有着悠久历史的少数民族，在我国正史《资治通鉴》、《宋史》、《元史》中都有关于畲族的记载，清乾隆官修《皇清职贡图》[①]是最早以图像绘画记录畲族服饰外观的资料，有珍贵的参考价值，沈从文先生《中国古代服饰研究》一书中清代少数民族部分图示大部分亦来源于此。该书以图文并茂的形式介绍了清乾隆时期海外交往及境内少数民族贡赋情况，按地域区别进行编排，描绘各地男女之状貌，并有文字题记，其中对福建罗源和古田的畲族男女形象、服饰饮食、生活生产均有记录。除历代史志外，近现代国内外相关学者开始关注探讨畲族民族问题兴起于20世纪20年代，许多学者从族源、文化、语言、风俗习惯等方面进行研究。至1949年前后，这些论述约有五十余篇之数，大体可以分为考证和调查记录两大类。考证类文章从历代文献及州府地志中对畲族的族源、族称、迁徙、分布进行论证；调查记录类文章则以民族学和人类学最基本的田野调查记录方式对当时当地的畲民生活概况进行客观地记录和描述，奠定了畲族文化研究的基础。

胡先骕《浙江温州处州间土民畲客述略》[②]（1923）一文较早对畲族进行研究描述，认为"畲客者实瑶人之一种，可以盘瓠之神话证之"，并且由于长期与汉族杂居，当时畲民的风俗就有一些汉化，其时景宁地区畲族装束尚颇有民族特色，文中对景宁、丽水一带的畲民服饰装束有较为细致的描述。

随后括苍（今浙江丽水）的沈作乾先生作《畲民调查记》[③]（1924）和《括苍畲民调查记》[④]（1925）两篇文章，以调查报告的形式对当时

---

① （清）傅恒等：《皇清职贡图》卷3，辽沈书社1991年影印本，第257—263页。

② 胡先骕：《浙江温州处州间土民畲客述略》，转引自张大为等编《胡先骕文存》（上），江西高校出版社1995年版，第91—98页。

③ 沈作乾：《畲民调查记》，《东方杂志》1924年第21卷第7号。

④ 沈作乾：《括苍畲民调查记》，《北京大学研究年国学月刊》1925年第4期。

丽水一带的畲族服饰和习俗进行了记录。《畲民调查记》一文从畲民的居住区域、生活、风俗、思想、性情、畲汉的相处、畲民的由来等方面对福建和浙江的畲民生活状况进行了基本的记录，其中包括对当时畲民的服饰风俗记录，提到"服饰风俗各处微有不同"，但并未对各处服饰之不同进行比较。《括苍畲民调查记》一文中对当时浙南十县（丽水、松阳、遂昌、云和、景宁、庆元、龙泉、宜平、青田、缙云）畲族生存状况、风俗、言语及服饰进行描述，并认为"括苍畲民为数虽少，中华民族之一分子，而不可不加以研究者也，所困难者，该族无自制之文字，与存留之古迹，可供吾人之研究，旧籍沦亡，无可以资参考，父老相传，语多附会，且因时间匆促，故所得结查，殊未甚惬意也"，对畲族之服饰亦提出与汉族服装同化的担忧："畲民之服饰，近数十年来，颇有变更，盖已由繁而简，渐趋同化，以此测之，则数十百年后，或竟与汉人同化，未可知也"。沈作乾先生也是相关研究中最早提出畲族服饰汉化危机的学者。

作为与沈作乾《括苍畲民调查记》一文的呼应，甲骨学家、古史学家董作宾先生借游学闽恒之际作《福建畲民考畧》①（1927），文章以福建畲民为调查对象，着重从地志笔记及游历所见角度进行记录与论述。根据记录，当时福建一带"畲客男子之服装，与汉人同，或无从辨识矣"，"惟女子多奇饰"，其中畲汉男子服饰无从辨识的论述契合了沈作乾的畲汉服饰同化危机观点；十年后，董作宾先生又撰《说"畲"》②（1937）一文，考证畲族的族源及族称。

德国人哈·史图博（H. Stabel，1885—1962）和李化民的《浙江景宁敕木山畲民调查记》③（1932）在以浙江景宁敕木山为中心的畲民地区做了大量调查访问，调查项目相当全面，涉及饮食服饰、婚丧礼俗、奉先祭祖、敬事鬼神、语言民歌和族源及姓氏传说，对畲瑶历史渊源关系也有诸多说明，附有珍贵的畲民分布图和习俗照片，成为后世相关研究的重要资料。与同时期国内诸多学者所执畲汉同化的观点相悖，本书作者认为应保

①　董作宾：《福建畲民考畧》，《国立第一中山大学语言历史学研究所周刊》1927 第 1 集第 2 期。

②　董作宾：《说"畲"》，《北京大学研究年国学月刊》1937 年第 13 期。

③　［德］史图博、李化民：《浙江景宁敕木山畲民调查记》，转引自《景宁畲族自治县地名志》，国营遂昌印刷厂 1990 年版，第 329—386 页。

留民族特色，并认识到畲族民族特色的泯灭将成为未来民族学上的遗憾。作者借鉴欧洲民族学发展的经验提出应保护民族特色，并指出服饰是畲族的重要区分标志，提出效仿欧洲各国保存恢复旧有之服式及习俗以增进民族情感。

何子星的《畲民问题》①（1933）对闽浙的畲民图腾、族称演变、组织、种姓分布、道德观念、教育及畲汉同化问题进行探讨，涉及问题较为全面。和当时多数中国学者观点一样，文中对于畲汉同化问题执鼓励推动态度。虽然文中对服饰的论述较少但所附当时畲民的着装照片及鞋、袋等手工制品照片对后世的研究具有较高的参考价值。徐益棠的《浙江畲民研究导言》②（1933）从民族学角度对浙江畲民进行了较为全面的研究，由于时代局限性，作者站在促进畲汉同化的立场指出"同学、通婚、自治、存古"的同化四策。民族学家何联奎在其撰写的《畲民的图腾崇拜》③（1936）一文中首次将其拍摄的珍贵的畲族祖图公开并借此推断畲族是"槃瓠族系之一种"，"浙江处州一带，尚见畲妇头上戴着布冠竹筒是畲民尊崇部族图腾的一种表征"。此后，何先生又作《畲民的地理分布》④（1940）一文对畲民的族称演变、在浙赣闽粤一带的分布等进行了考证，认为其"初由广东分布到闽赣，后由福建分布到浙江"，并在研究基础上绘制出"浙闽畲民分布图"及"畲民变称表"。

这些早期研究开展于我国民族学兴起之初，建立在文献研究并结合田野调查的基础上，服饰特征作为民族面貌的直观形象在上述研究中多有涉及。这些研究资料翔实可信、论证明晰有力，从畲族起源、迁移、文化、经济、语言、民俗、生活状况等方面奠定了宝贵的研究基础，对于其后开展的畲族研究有着深刻的影响和重要的参考价值。此外，民国时期一些杂志如《民俗》《大侠魂周刊》等也时有一些关于畲族的见闻报道见诸报端，这些文章以时事报道为主，而非学术研究，但一些对风俗旧事和史料的记录有较高的参考价值。

此后，学术上对畲族传统文化及其服饰的研究一直未间断，1956 年

---

① 何子星：《畲民问题》，《东方杂志》1933 年第 30 卷第 13 号。
② 徐益棠：《浙江畲民研究导言》，《金陵学报》1933 年第 2 期。
③ 何联奎：《畲民的图腾崇拜》，《民族学研究集刊》1936 年第 1 期。
④ 何联奎：《畲民的地理分布》，《民族学研究集刊》1940 年第 2 期。

全国人大民委和国务院成立调查组，对畲族的社会历史进行了大规模的调查研究，1958 年中国科学院民族研究所、中央民族学院和畲族地区的有关单位为了完成民族问题五种丛书的写作，又对畲族地区做了更深入和普遍的调研，这时我国著名的民族学家吴文藻、费孝通、潘光旦等人也到畲族地区考察。20 世纪 80 年代后，随着研究的深化和大量研究成果的出现，畲族研究进入了更加系统、更加深入的阶段。

（二）当代学者对畲族服饰的研究成果

近年来，随着民族保护研究与非物质文化遗产研究的兴起，对于畲族服饰的相关论述颇丰，主要来源有：地方志、学术著作、期刊论文、学位论文及相关图片研究资料，由于涉及数量庞杂在此不一一引述，选择其中与服饰文化相关的观点进行归纳，截取其中具有代表性的观点及近年来的研究成果综述如下：

1. 畲族服饰民俗研究。此类研究多从民俗和神话传说入手，认为畲、瑶两族中的盘瓠传说不是普通的神话和故事，而是具有神圣意义的民族起源的信仰，这个信仰还贯穿到他们的头饰、服装、舞蹈以及宗教仪式中，这无疑是氏族图腾崇拜的遗留。畲族以盘瓠为祖先，通过服饰这一载体和媒介，畲族人民通过服饰色彩搭配、服饰样式和装饰工艺等手段表达了对祖先的追思与敬仰。畲族服饰中盘瓠形象在不断迁徙变化中演变为龙、凤和麒麟，成为服饰象征符号的载体。畲族传统服饰中色彩艳丽的女子"凤凰装"来源于小说歌《三公主的传说》，通过"凤凰"这一富有吉祥寓意的载体，以凤为意，饰以"五彩色"的精巧刺绣和装饰工艺，表达对美好生活的祝愿。畲族青年男女常通过彩带这种民族传统手工艺品来传递爱意。（施联朱①1983，肖芒②2010，徐健超③2005，邱国珍④2003，雷弯山⑤1996 等）。

---

① 施联朱：《关于畲族来源与迁徙》，《中央民族大学学报》（哲学社会科学版）1983 年第 2 期。

② 肖芒：《畲族"凤凰装"的非物质文化遗产保护价值》，《中南民族大学学报》（人文社会科学版）2010 年第 1 期。

③ 徐健超：《景宁畲族彩带艺术》，《装饰》2005 年第 4 期。

④ 邱国珍：《畲族"盘瓠"形象的民俗学解读》，《广西民族学院学报》（哲学社会科学版）2003 年第 6 期。

⑤ 雷弯山：《畲族传统文化特色与存在原因分析》，《丽水师专学报》（社会科学版）1996 年第 4 期。

2. 畲族服饰形制的相关研究与论述。畲族男装与汉族相似，女装最具代表性，以凤冠、花边衫、彩带和织锦拦腰为代表的畲族盛装又称"凤凰装"，是畲族社会、历史、文化和技术的产物；头饰"凤凰冠"根据地区不同有缠绕型和珠饰型两类，衣衫多饰以彩色花边，小腿处系绑腿，脚穿绣花鞋，不同地区服饰不尽相同，浙江地区畲族服饰相对较统一，福建地区闽东畲族服饰主要有罗源式、福鼎式、福安式、霞浦式几种式样，厦门大学潘宏立的《福建畲族服饰研究》[①] 一文中将福建畲族服饰分为 7 种类型，各种不同类型的畲族服饰之间既有共同性，又在具体服饰形制、装饰细节上各有特色。历史上畲汉杂居的特性造成了一些服饰习惯与装饰文化上的共性。

畲族服饰的装饰以编织有吉祥文字图案的彩带和服装上的刺绣图案为主。彩带是畲族女子的传统手工艺品，制作精细，通过经纬纱线的变化产生花鸟禽兽和类似文字的图案，这些图案还有一定的表征意义，彩带既实用又可用作定情信物。而服饰上刺绣的图案多采用吉祥寓意，与汉族对吉祥纹样的喜好相仿（俞敏等[②]2011，吴微微[③]2008，叶桦[④]2004，金成熺[⑤]1999，雷志良[⑥]1996 等）。

畲族历史上服色尚青蓝，锥髻跣足，其服饰历史文化变迁历经原始、融合、流徙、成型四个阶段，可以从生物、地理、经济、工艺发展、文化传播和心理几个方面分析演变因素，民族信仰和民族性格对其传承起主要影响作用（闫晶等[⑦]2012，黄锦树[⑧]2011，闫晶等[⑨]2011）。有学者按照清代、民国和现代的历史发展对浙闽畲族男女服饰进行了综合论述，在文献考证的基础上对景宁及闽东福鼎、霞浦、罗源和福安的畲族服饰样式进行

① 潘宏立：《福建畲族服饰研究》，硕士学位论文，厦门大学 1985 年，第 6—36 页。
② 俞敏、崔荣荣：《畲族"凤凰装"探析》，《丝绸》2011 年第 4 期。
③ 吴微微、陈良雨：《浙江畲族近代女子盛装审美艺术》，《纺织学报》2008 年第 1 期。
④ 叶桦：《畲族服饰图案的美术内涵》，《装饰》2004 年第 7 期。
⑤ 金成熺：《畲族传统手工织品——彩带》，《中国纺织大学学报》1999 年第 2 期。
⑥ 雷志良：《畲族服饰的特点及其内涵》，《中南民族学院学报》1996 年第 5 期。
⑦ 闫晶、范雪荣、陈良雨：《文化变迁视野下的畲族古代服饰演变动因》，《纺织学报》2012 年第 1 期。
⑧ 黄锦树：《源出少昊帝来自君子国——畲族族源考》，《韩山师范学院学报》2011 年第 4 期。
⑨ 闫晶、范雪荣、吴微微：《畲族古代服饰文化变迁》，《纺织学报》2011 年第 2 期。

了描述①。

3. 畲族服饰文化保护与传承的相关研究与论述。任何一个民族的风俗习惯都是历史的产物，虽然具有相对稳定性但又不是一成不变的，而是伴随着一个民族社会历史的发展而变化。目前畲族服饰传承保护面临危机，在工业化、现代化和城市化过程中民族服饰处在不断的变化之中，这种文化变迁现象及影响变迁的力量是未来研究的重点。随着畲族老一辈人逐渐离世，日常穿戴的畲族服饰正在消失，有学者认为这是畲汉杂居自然同化的结果，虽然有一批服饰制作手工技艺被列入省级非物质文化遗产，但目前编织、刺绣等工艺仍面临后继乏人的窘境。这种现象随着当代经济文化纵深发展愈发明显，现代文明冲击带来的文化趋同使畲族服饰文化发展面临前所未有的震荡和危机。民间传统文化的一部分随着传统产业和传统生活方式的改变而瓦解或消失，另一部分转化重组后成为现代人文资源建构民族政治和民族文化主体意识，作为非物质文化遗产的传统工艺应在生产中保护和发展，可以从资料抢救、个案研究和学院教育传承方面入手，对畲族服饰文化和传统服饰手工艺从宣传、教育、创新等方面进行抢救和保护，形成可持续性发展的长效机制以及传承人机制（雷法全②2007，缪丹③2011，吕品田④2009，王海霞⑤2007，方李莉⑥2006，王克旺⑦1998等）。

4. 民族服饰比较研究。畲族服饰的比较研究成果不多见，多为畲族与汉族或其他少数民族的比较。

吴永章在《畲族与瑶苗比较研究》⑧一书中以考证和文献研究为基础，从畲族与苗瑶的族源、分流、分布、经济生活、社会组织与习惯法、

① 郭志超：《畲族文化述论》，中国社会科学出版社2009年版，第266—294页。

② 雷法全：《对畲族文化继承与创新的思考》，《丽水学院学报》2007年第6期。

③ 缪丹：《试论闽东畲族文化资源的保护与传承》，《黑龙江史志》2011第18期。

④ 吕品田：《在生产中保护和发展——谈传统手工技艺的"生产性方式保护"》，《美术观察》2009年第7期。

⑤ 王海霞：《民间美术保护工作应注意的两个问题》，《美术观察》2007年第11期。

⑥ 方李莉：《从艺术人类学视角看西部人文资源和西部民间文化的再生产》，《民族艺术》2006年第1期。

⑦ 王克旺：《畲族一些风俗习惯消失的思考》，《丽水师专学报》1998年第2期。

⑧ 吴永章：《畲族与瑶苗比较研究》，福建人民出版社2002年版。

社会生活、教育、语言文字、医药武术、民间文学与艺术、丧葬习俗、宗教信仰等十四个方面进行了比较，涉及了民族学研究的诸多方面，具有很高的参考价值。张振岳、俞敏、崔荣荣的《汉、畲族传统服饰凤纹比较研究》① 一文通过对汉族和畲族传统服饰上凤纹的起源、造型以及承载的社会和民俗文化进行比较，阐述了两民族的凤纹共同起源于东夷族的凤鸟崇拜，由于不同的社会历史演变促使两民族传统服饰凤纹的造型以及承载的社会文化存在着差异性，同时由于畲汉两族长期的接触交流，促使两民族传统服饰凤纹民族文化存在着趋同性，在这一层面上，凤纹是民族融合的文化表征。江南大学俞敏的硕士论文《近现代福建地区汉、畲族传统妇女服饰比较研究》② 以田野调研为基础，以传统妇女服饰为基点，对福建地区的汉族、畲族妇女服饰及服饰品进行比较研究，通过对实物进行具体尺寸测量，着重从服饰形制、结构工艺、装饰纹样、色彩等方面进行比较分析，揭示出福建地区的汉、畲服饰密切的共生关系，对福建地区民族民间服饰的保护传承与研究开发有一定参考价值。

　　从目前的研究成果来看，专门着眼于畲族服饰比较研究的论著并不多，但区域比较研究是民族服饰文化研究中常见的一种研究类型，其他一些民族间的服饰比较研究虽然未直接论及畲族服饰，但亦可从研究思路、研究方法、理论基础、研究框架等方面为本书提供有价值的参考。如中央民族大学周梦的博士论文《苗侗女性服饰文化比较研究》③ 中对于生活方式和居住地地缘相近而具有相似性的服饰进行比较研究，提出随着交通、交流、生活方式的改变，服饰有着趋同的发展趋向，并且存在服饰实物流失及一系列技艺面临失传的危险现象，这些现象与畲族服饰研究具有一定的共性，值得借鉴。

　　5. 以图片为主要手段展示畲族服饰研究成果。由于民族服饰研究的特殊性，图片形式的展示可以从视觉感知角度最大程度体现民族服饰的整体面貌，对资料的描述比文字更直观，尤其适合体现民族服饰绚丽的色彩与精巧的工艺装饰。

---

① 张振岳、俞敏、崔荣荣:《汉、畲族传统服饰凤纹比较研究》,《前沿》2011 年第 18 期。
② 俞敏:《近现代福建地区汉、畲族传统妇女服饰比较研究》,硕士学位论文,江南大学 2011 年。
③ 周梦:《苗侗女性服饰文化比较研究》,博士学位论文,中央民族大学 2010 年。

钟雷兴主编的《闽东畲族文化全书·服饰卷、工艺美术卷》① 通过大量图片和文字说明记录了闽东畲族服饰和工艺，通过对传世服饰实物的线描制图还原、测量尺度标示等方法清晰、真实地展现了闽东畲族服饰面貌，是闽东畲族服饰研究的重要参考资料。常沙娜主编的《中国织绣服饰全集·少数民族卷（下）》② 以彩色图片形式对中国少数民族服饰进行分区域、分民族的展示，其中以图配文的形式展现了罗源、福安、福鼎地区的畲族日常服饰及婚庆服饰，并配以藏品出处和服饰细节说明。钟茂兰、范朴编著的《中国少数民族服饰》③ 一书对我国 55 个少数民族的服饰分地域做了详细、系统的介绍，通过图片直观地介绍了各民族男女老少的日常装和节日盛装特点，其中第六章第八节对畲族男女服饰、发饰、服装装饰技法等做了专门的介绍。王朝闻、邓福星和张晓凌主编的《中国民间美术全集穿戴篇·服饰卷（上）》④ 广泛收集了中国南方近 30 个少数民族的400 余件服饰精品，全书分概述、图版和专论三个部分首次从人类学、文化学、民族学、民俗学、美术学角度进行了综合研究，书中畲族服饰所占篇幅极少，仅通过单幅图片对中央民族学院博物馆藏福建畲族妇女盛装进行了简单介绍。但书中所涉及的汉族及各少数民族服饰极广，图片精美，可以作为畲族服饰涵化研究的横向参照资料。李春生和韦荣慧主编，中国民族博物馆和中国画报出版社联合出版的《中国少数民族图典》⑤ 以图片的形式介绍了畲族人民生活中的婚嫁、采茶、对歌等场景。臧迎春编著《中国少数民族服饰》⑥ 全彩画册以服饰实物图片加模特着装展示的形式记录了我国各少数民族服饰的图案、局部细节，其中亦有对畲族服饰的表现。韦荣慧的《中华民族服饰文化》⑦ 中通过图片记录辅以文字介绍的形

① 吴景华、钟伏龙、钟雷兴：《闽东畲族文化全书·服饰卷、工艺美术卷》，民族出版社2009 年版，第 1—125 页。

② 常沙娜：《中国织绣服饰全集·少数民族卷（下）》，天津人民美术出版社 2005 年版，第29 页、第 547—554 页。

③ 钟茂兰、范朴：《中国少数民族服饰》，中国纺织出版社 2006 年版，第 245—247 页。

④ 王朝闻、邓福星、张晓凌：《中国民间美术全集穿戴篇·服饰卷（上）》，山东教育出版社、山东友谊出版社 1993 年版，第 372 页。

⑤ 李春生、韦荣慧：《中国少数民族图典》，中国画报出版社 2005 年版，第 101—104 页。

⑥ 臧迎春：《中国少数民族服饰》，五洲传播出版社 2004 年版。

⑦ 韦荣慧：《中华民族服饰文化》，纺织工业出版社 1992 年版。

式展现了畲族服饰的基本面貌。

这些图片研究资料为本书从色彩、款式、搭配、穿着方式等角度提供了宝贵的参考资料，其中的畲族服饰图片弥补了笔者田野调查中图片收集的不足，为本书中对畲族服饰形制的描述提供了重要的佐证材料。

二　存在的问题与不足

目前对于畲族服饰的审美、文化变迁的研究虽然比较丰富，但仍存在有待进一步研究之处：首先，现有的研究中缺少畲族服饰的跨地域比较研究，研究重心多集中在地区性服饰形制及审美特征分析，缺少从历史文化迁移脉络入手对浙闽地区畲族服饰形制存在的显著异同进行分析，对于同一省份内不同地区服饰存在的显著差异也缺乏系统的比较和分析。其次，除一些小范围的访谈问卷外，当前研究中缺少调研数据的量化分析，对于当下民众对于畲族服饰文化的认知调研工作至今尚未见到，在主观感知研究为主的研究现状中，这种认知调研的客观性及其数据分析对于当下的服饰文化保护工作具有重要的参考价值。最后，畲族服饰传承保护的专门研究相对匮乏，尤其对于部分地区非物质文化遗产传承后继乏人问题重视度不高，对于民族服饰异化问题的思考以及畲族服饰文化保护和发展现状的研究较为欠缺。本书在前人研究的基础上，力图通过跨地域综合系统研究展现浙闽畲族服饰发展变迁面貌，同时对其传承保护中遇到的问题进行探讨和研究。

第四节　研究方法、思路与概念界定

民族服饰根植于其所在民族的文化土壤中，民族文化变迁过程中产生的观念、技术、生活方式的变化不可避免地带来民族服饰文化的变迁。经济全球化催生了文化的全球化，少数民族的"世外桃源"受到西方价值观念及社会主流文化的冲击，带来文化的同质化或趋同化。全球化一方面提供了广阔的平台将畲族服饰文化更真实地呈现于世界眼前，促进跨地域、跨民族的文化交流和信息传递；另一方面也以势不可当之势对畲民的文化价值取向、审美情趣、服饰文化的生态环境等进行影响和同化。应对全球化浪潮，文化多样性的观点应运而生，文化多元理论主张保存人类群体之间的差异。畲族服饰虽然在当代社会中逐渐退出了日常着装舞台，但其服饰文化的独特性应得到重视和尊重，对其承载畲族民族文化的载体功能应予以特别的保护。非物质文化遗产研究一直是民族服饰文化研究中的重要组成部分，作为生活形态和文化传统的载体的畲族服饰具有物质和精神的双重特性，本书在研究其本体作为物质文化遗存的保护及其生产技艺和服饰生态作为非物质文化遗产的保护与传承时，文化遗产的相关理论为研究提供了良好的理论研究基础。艺术人类学关注边缘的非主流的民间草根文化，主张开展实地调查，收集原创性第一手材料，遵循真实性原则、多角度原则、综合整体原则进行研究，这种将理论研究植根于民间文化的研究方法为本书的研究提供了重要的方法依据。

基于以上提到的文化变迁理论、全球化与文化多样性理论、文化多元理论、文化遗产和艺术人类学等理论基础，本书综合借鉴、运用这些研究领域的相关研究方法，对浙闽地区的畲族服饰及其文化进行比较研究。

一　研究方法

（一）文献研究法

对现状的研究，不可能全部通过观察与调查，还需要对与现状有关的种种文献做出分析。文献是指包含有研究对象信息的各种载体，是间接的第二手资料，在研究中是不可或缺的，可以通过查阅公开出版物、档案和计算机网络等途径来获取文献资料。文献研究法因不与文献中记载的人与事直接接触，又称间接研究或非接触性研究方法，是文学、哲学和早期社会科学最常使用的方法，是人文社会科学研究的重要方法和必要过程，包括历史文献的考据，社会历史发展过程的比较，统计资料文献的整理与分析，理论文献的阐释以及对文字资料中的信息内容进行数量化分析等。

文献研究法是服装史论及民族服饰文化研究中常用的一种方法，可以从文献资料中获得民族背景资料的相关知识，了解相关问题的研究历史和发展，可以利用前人研究成果为自己佐证，增强说服力。本书对文献研究法的运用主要在于对浙闽地区的畲族历史人文地理环境及其传统服饰相关文献进行搜集、鉴别、整理，全面了解畲族服饰的历史和现状。相关文献来源渠道主要有：畲族聚居区收集和整理的传说、族谱和祖图；从史书中收集和整理的相关文献记录；历代游记、杂文、报道及地方通志中收集和整理的文献。

（二）比较研究法

又称类比分析法，是指对两个或两个以上的事物或对象加以对比，以找出它们之间的相似性与差异性的一种分析方法①，比较的方式可以分为横向比较和纵向比较。许多事物之间既有相同或相似性，也有差异性，比较研究的目的是找出事物之间的共同点和不同点，从而加深对它们的认识，进行区别对待。对共同点的比较有助于概括事物的本质特征，而对差异的比较有助于区分和鉴别事物的不同类型和不同特点。区域比较研究是服饰文化研究中运用较多的一种研究方法，对浙江和福建两地畲族服饰的图像资料、文字记载、服饰实物资料进行对比，横向上进行同一时间点不同地区以及和周边地区人民的服饰比较，纵向上针对不同历史时期同一民族、相近地区的服饰流变进行比较。

（三）实地研究法

在西方民族学中，民族学实地调查被称为人类学田野工作（Anthropological Field Work），是民族学家获取研究资料的最基本途径②，或归类为接触性研究方法，是指研究者亲自深入民族聚居区居住体验、直接观察和调查访问，通过勘测、询问、交谈、观察等手段取得所需要的研究资料，并根据资料进行分析研究的方法和技术。实地调查法是民族服饰研究中惯用的一种最基本的研究方法，是获取民族服饰资料的最主要来源。一些民族习俗和民间艺术形式主要靠口耳相传的方式传承，在现代文明大潮强力冲击的背景下，通过田野调查的方法记录、保留少数民族服饰生态环境显得尤为紧迫和必要。在民族服饰研究领域中，千差万别的民族文化和生活环境造就了五彩缤纷的少数民族服饰文化，即便是同一民族内的不同分支也会由于不同的地域环境、生产劳作方式和历史发展变迁而孕育出各不相同的服饰面貌、工艺和细节，因此田野调查成为民族服饰研究者收集一手资料、了解服饰民俗和服饰生态环境的最直接也是最有效的手段。

实地研究法是本书收集畲族服饰资料信息的重要途径，收集畲族服饰的传世遗存资料以及对现代畲乡中传统服饰的穿着使用现状进行了解，并通过与广大畲乡群众和各服饰工艺传承人的访谈掌握畲族服饰的第一手资料。

2009 年至 2012 年，笔者分四次对浙江和福建的主要畲族聚居地的畲

---

① 林聚任、刘玉安：《社会科学研究方法》，山东人民出版社 2004 年版，第 151 页。
② 宋蜀华、白振声：《民族学理论与方法》，中央民族大学出版社 1998 年版，第 171—172 页。

族服饰现状进行实地考察，时间选择上囊括畲汉共同节日（元旦）、畲族民族节日（三月三乌饭节）和非节庆时间，对所在地民族宗教事务局、文化馆、博物馆、民族学校和畲族村进行了调查走访，访谈对象包括各级机构相关负责人、民间非物质文化遗产传承人、民间收藏家、一般畲族群众等，从不同渠道获取服饰遗存、穿着使用现状和民风民俗等第一手信息，以此为基础对收集到的实物资料进行统计、整理、分类，分析服装结构和穿着方式，并对典型式样进行复原制图。本书撰写过程中展开田野调查的地区主要有浙江省的景宁畲族自治县、桐庐县莪山畲族乡；福建省的福州市罗源县、宁德市金涵乡及霞浦县、福鼎市等地及其下辖的十余个畲族村，收集一手图片资料两千余张，涵盖畲族传世服饰遗存、畲族村民生活环境、传统节日活动场景、传承人及服饰工艺技艺制作过程等多项内容。

（四）调查研究法

也称问卷调查法、问卷法、填表法，即通常所说的调查研究（Survey Research），也简称调查，是社会科学研究中经常使用的一种研究方式，指的是一种采用自填问卷或访谈调查等方法，通过对被调查者的观点、态度和行为等方面系统地收集信息与进行分析，来认识社会现象及其规律的社会科学研究方式，是最常用的定量研究方式之一①。它通过问卷形式搜集研究材料，是调查者运用统一设计的问卷向被选取的调查对象了解情况或征询意见的调查方法。调查研究法可以快速、高效地收集某一总体的详细资料，可以避免偏见、减少调查误差，有较高的可信度，能获得较真实的资料。本书在对畲族服饰的认知及保护态度的研究中采取了问卷调查的研究方法，通过对畲族聚居地青少年人群的书面问卷调查及基于网络的大众认知调查两种渠道对当今民众对畲族服饰的认知态度进行调查，并对数据进行分析，以期获得当代大众对畲族服饰的认知状况以及畲族地区的青少年对本民族（本地区）传统服饰的认知和态度，从而为畲族传统服饰的传承研究提供参考。

（五）三证归一法

是文学考古学家扬之水提出的一种研究方法，所谓"三线归一"或云"三证归一"，是对任何一种名物的考证和叙述，力从实物、文献（历

---

① 林聚任、刘玉安，《社会科学研究方法》，山东人民出版社 2004 年版，第 213 页。

史记载和文学）、图像三个方面、三类线索、三条源流的交汇点上，穷尽
与对象相关的资料。这种"三证归一"的方法，从时间和空间上，从实
物、图像和文字文本上，囊括名物历时性和共时性的形态特征及其变化发
展源流①，拥有较高的真实性和证明力。本书中将其运用于对畲族服饰相
关文献、历史资料的综合分析上，从传世服饰实物、服饰着装图像和文本
记载三条源流的交汇点上对畲族服饰进行"三证归一"的研究。

（六）跨学科综合研究法

本书的研究主要涉及民族学和艺术学两个学科，由于服饰是社会历
史、经济、文化综合发展的产物，对于畲族服饰的研究必然包含其外观、
材质、工艺、装饰、审美、历史、文化、民俗等各个方面的综合研究，对
于服饰现状调查的研究还借鉴了统计学方法，为传统的定性研究增加定量
分析，使之更趋科学化、客观化，增加调查的可信度和真实度。所以本书
在研究方法上需要综合民族学、民俗学、服装史、美学、服饰文化学、服
装心理学、计算机绘图等多学科知识，通过民族学调查研究方法采集研究
对象，再运用艺术学中服装学的知识对服饰进行比对、测量、绘图及美学
分析，对浙闽地区的畲族服饰外观、工艺、结构、装饰、审美、服饰民
俗、服饰心理和服饰发展变迁等进行综合研究。

二　基本思路与构架

本书的研究的基本思路是史、艺、工结合，从文献研究和田野调查入
手，通过对畲族民族分布和历史服饰文化习俗文献资料梳理，以及对浙闽
两地畲族聚居地传世服饰品遗存的图像整理、走访民间手工艺人、问卷调
查以及对畲民地区传统畲族服饰的服用现状的概括，进而对畲族服饰的发
展变迁、服饰遗存、艺术审美、工艺技艺进行综合研究；其中针对畲族服
饰认知展开的问卷调查采用了个人访谈和问卷调查相结合的方式，通过对
普通大众调研和畲族聚居区年轻民众两种群体对畲族服饰的认知程度进行
调查，并对相关数据进行统计分析，从而为当下畲族服饰认知和保护的情
况提供一个客观的评价依据。

本书的基本构架主要由三大部分组成：

---

① 王筱芸：《颠覆与建构：另一种历史叙述的意义——评〈古诗文名物新证〉》，《文学评
论》2005 年第 3 期。

第一部分为畲族基本民族情况和背景资料，并结合笔者的田野调查，从服饰的角度对相关文献资料进行梳理，乃是全书研究的前期铺垫（第一章）；

第二部分为浙闽地区畲族服饰的具体形制、审美和现状的分析和比较，梳理出浙闽地区畲族服饰的脉络性，是全书的重点（第二章、第三章、第四章、第五章）；

第三部分为畲族服饰在当代社会的嬗变与动因，并结合实地调研和问卷调查，提出传承保护面临的问题与对策，是第二部分的延续与扩展，富有时代性和现实意义（第六章、第七章）。

三　相关概念的界定

为避免混淆，首先对书中涉及畲族服饰的一些相关概念做如下界定：

（一）浙闽地区

本书中的浙闽地区是指浙江、福建两省，尤其指畲族人民经过长期的民族迁徙后聚居于两省交界处的闽东、浙南山区丘陵地带，境内山峦起伏，丘陵密布。

（二）畲族

畲族是我国华东地区东南丘陵地带的少数民族，自称"山哈"或"山达"，意为"山里的客人"。畲族自公元7世纪初开始生息繁衍于闽、粤、赣三省交界处，有自己的语言但无文字，通用汉文。至1956年12月，被国务院正式认定为单一少数民族，确定统一的族称为"畲族"。

（三）畲族服饰

意指畲族人民的民族传统服装、饰品及服饰配件，包括男子服饰及女子服饰。由于长期的畲汉杂居和文化交融，畲族男子服饰基本与汉族服饰相同，女子服饰最具典型性和代表性。整套畲族女子服饰包含上衣（衫子）、下装（裤装、裙装）、拦腰（围裙）、绑腿、鞋子及头饰和其他饰品，它们共同构成了畲族传统服饰形象。由于历史发展和文化变迁，不同地区的服饰形象存在一定的地区差异及民族共性。

（四）凤凰装

畲族女子传统服饰的别称，传说是起源于畲族"始祖婆"三公主（高辛帝第三个女儿）的装束。相传三公主出生之时凤凰百鸟飞临，后成婚时，帝后娘娘赐她凤冠和凤衣，祝福她的生活像凤凰一样吉祥如意。三公主生下三男一女，并把女儿从小就打扮得像凤凰一样，当女儿长大出嫁时，美丽的凤凰从凤凰山衔来五彩的凤凰装，此后畲族遂以美丽的凤凰为本族人的图腾符号，凡本族人生下女儿，均赐予凤凰装束①，这种服饰又被称为"凤凰装"，以示吉祥如意，成为习俗流传至今。浙闽两地的凤凰装式样均以青蓝色为底，饰以五彩花边、刺绣，但不同地区的具体式样存在或多或少的差异。

（五）凤凰冠（髻）②

畲族女子传统头饰的别称，亦简称为"凤冠"，其凤凰崇拜的来源与"凤凰装"相同，浙闽地区畲族女子凤凰冠有显著差异，浙江地区凤凰冠以细小珠饰连缀成串辅以银牌、银簪等装饰，婚后才开始每日搭配民族服饰佩戴，福建地区的凤凰冠则是新娘和入殓装束，平日以红绒绳和头发丝缕混合缠绕，并辅以银簪固定装饰形成凤凰髻，发髻的造型和红绒绳的缠绕方式也因地区差异略有不同。未婚女子和已婚女子的凤冠发髻不同，畲族女子的婚姻状况从冠髻上一眼就可以分辨出来。

（六）拦腰

即围裙，很多畲族地区称为"合手巾"，初时不分男女，劳动时都围麻布拦腰，女子拦腰多有绣花和彩带装饰，系畲族女子传统服饰的配套服饰品，浙闽不同地区的畲族服饰中均配有围裙，与服装和头饰共同形成畲族女性服饰形象，具备一定的典型性，围上后起紧身和装饰作用。拦腰裙面多为蓝黑色长方形棉麻材质，腰头宽约二寸，多由红布或蓝布缝制，腰带多为畲族传统手织彩带，裙面上面的绣花装饰因地区不同存在差异，以福建罗源地区的围裙装饰最为华丽，四角拼绣大朵角隅纹样图案。

（七）彩带

彩带又叫"拦腰带"、"合手巾带"、"带子"、"字带"，是畲族传统服饰手工艺品，既是美化衣着的装饰物，还用作拦腰腰带、背篼带、裤带、刀鞘带等生活实用品，而且还是畲族青年男女定情的信物和定亲回礼以及驱邪祝福的吉祥物。畲族妇女代代相传编织彩带，开始了一个民族延

---

① 吴剑梅：《论畲族女性崇拜与女性服饰》，《装饰》2007年第5期。

② 指畲族女子的冠饰和发髻，浙江以冠为主，福建日常为髻，婚丧礼配冠，两者皆以凤凰为名且易混淆。

续千年的"人文接力"①。彩带是一种简单的经锦,纬纱固定后通过经纱的变化形成字符性几何图案,这些字符图案还具有相应的寓意。

（八）绑腿

浙闽地区的畲族传统服饰日常装中均有绑腿,一般与短裙搭配穿着。绑腿以一块梯形的白布或青蓝色布覆于小腿上,两端以细条带缠绕固定。有时亦可以手工彩带进行固定,以增强装饰性。

（九）花鞋

畲族男子所穿的鞋子与汉族男子相同,但传统女鞋则富有民族特色,多用彩色绣花装饰。福建罗源地区畲族女鞋俗称"单鼻鞋"。畲族花鞋的鞋面用黑色布缝制,鞋底布质（称千层底）,鞋面为红线缝中脊,鞋头隆起,鞋头和边沿绣花,有的还配有红色短穗,制作工艺精致。早期均为手绣,现在新制作的花鞋都是机绣,图案多以龙凤、图案和以牡丹为代表的花卉图案为主。20世纪70年代末只有结婚时才穿花鞋,平时穿布鞋、解放鞋,80年代后青年妇女多穿皮鞋②,花鞋在生活中逐渐消失,仅在大型活动或节日的表演场合穿用。

---

① 徐健超:《景宁畲族彩带艺术》,《装饰》2005年第4期。
② 《罗源县志》,方志出版社1998年版,第917—919页。

第一章

浙闽地区畲族服饰的人文地理环境

各民族在不同的历史发展过程和各自的选择中形成了各具特色的民族性格、语言体系、地域特征、生活习俗和艺术文化。作为我国华东地区独有的少数民族，在漫长的历史长河中，畲族人民以其聪明才智和辛勤劳动形成了独具特色的民族性格、民族文化和风俗习惯，留下了许多宝贵的物质财富和精神遗产。服饰作为人类物质文明和精神文明的重要承载物，具有最为鲜明的民族文化特征，这些特征的形成与民族历史发展、生活劳作环境密不可分。自然地理环境决定了一定地域内该民族的生存条件，是形成民族服饰样式的外部因素；人文历史环境则催生出民族特有的服饰民俗和审美情趣，是稳定民族服饰风格的内在纽带。故而要研究浙闽地区畲族的服饰，就首先要了解畲族的人口分布、族源历史、自然地理环境以及人文历史环境。

第一节 畲族概述

一 语言与民族分布基本情况

畲族，是生活在我国东南地区山区的一个历史悠久的少数民族，相传为神话人物盘瓠的后代，拥有千年的历史。畲族有自己的语言，但没有本民族的文字，畲语属于汉藏语系，其语音、语调、构词、词汇、语法独具特色，自成系统。畲族通行双语制，即同汉族交往时，使用居住地的汉语方言或汉语普通话；本民族内部则使用畲语。由于受当地方言的影响，各地畲语稍有不同，但大同小异，闽、浙、粤、赣、皖各省基本相通①。畲

---

① 邱国珍：《浙江畲族史》，杭州出版社 2010 年版，第 1 页。

人通用汉字，主要通过民歌传唱和图像绘本对本民族的历史文化进行记录和传承，或直接以汉字进行记录。

歌谣是民族民间文化的载体，"畲族民歌"是畲族人民的口头文学，种类繁多，有历史歌、神话歌、小说歌、劳动歌、时政歌、生活歌、礼俗歌、情歌等，内容包罗万象，其中有很多设计民俗、生活、服饰风貌的内容。发源于福建霞浦的"畲族小说歌"是畲民中传唱甚广的一种歌谣形式，又称"全连本"或"戏出"，畲民俗称"大段"，属于长篇叙事歌，至今已有百余年历史，通过畲语唱念表达长篇叙事情节，具有浓郁的民族特色与区域文化特色①。晚清以后出现借用汉字来记音的手抄唱本，使用大量土俗字，其内容多取材于汉族民间神话故事、传说、章回小说、评话唱本等②。畲族长篇叙事歌中最著名的当数堪称民族史诗的《高皇歌》③，又称《盘古歌》、《龙皇歌》、《盘瓠王歌》，叙述了畲族始祖盘瓠传说及盘瓠子孙盘、蓝、雷、钟四姓的来历及民族迁徙发展历程，反映了畲族的原始宗教信仰和图腾崇拜。《高皇歌》在各地有很多抄本，内容基本相同，但长短不同，两百多句至四百多句不等。各地"祖图"是一种以绘画形式记录畲族祖先来源与民族历史的画卷，是畲族百姓举行宗教仪式时必备的彩绘图像系列（见图1－1），其中最珍贵的莫过于畲族祖图长卷，俗称长联，是以图像形式演绎该民族口耳相传的图腾故事，是具象化了的《高皇歌》④。祖图画卷前一般会抄录一段《敕赐开山公据》（有时简称为《开山公据》，亦名《抚徭券牒》），是传说中古代皇帝赐给畲族的一种汉文券牒文书，对于畲族起源的描述与高皇歌相仿，据说畲民持有这种文书就可以"遇山开产为业"，"永免杂役，抚乐自安，代代不纳粮税"。

畲族史在东南地区的开端是"七世纪隋、唐之际"⑤，彼时畲族先民就已居住在闽、粤、赣三省交界处的赣漳汀地区（见图1－2），宋代开始

---

① 彭兆荣、龚坚：《口头遗产与文化传承——以非物质文化遗产"畲族小说歌"为例》，《民族文学研究》2009年第2期。

② 俞郁田：《霞浦县畲族志》，福建人民出版社1993年版，第359—365页。

③ 《高皇歌》是畲族民族史诗，又称《盘瓠歌》、《盘瓠王歌》，根据传唱地域不同具体内容略有出入，但大体相近。

④ 蓝岚：《畲族祖图长卷艺术价值初探》，《文化艺术研究》2011年第1期。

⑤ 施联朱：《关于畲族来源与迁徙》，《中央民族学院学报》1983年第2期。

图1-1　畲族祖图

上图：畲族祖图部分画面（摘自《浙江省少数民族志》）

下图：景宁畲族传师学师仪式上悬挂的祖图（摘自《中国畲乡论坛》）

陆续向闽中、闽北一带迁徙，约在明清时期大量出现于闽东、浙南[①]，目前大部分居住在福建、浙江的山区地带，主要姓氏有"盘、雷、蓝、钟"四大姓氏，后因民族迁徙发展及与汉族通婚逐渐产生"李、杨、吴"三大姓氏，"盘"姓则逐渐消失，亦有一说称"盘"姓这一分支流向台湾地区。1956年12月，中华人民共和国国务院正式认定畲族为单一少数民族，确定统一的族称为"畲族"。畲族是我国华东地区人口数量最多的少数民族，浙江景宁是我国唯一的畲族自治县。

关于畲族族民分布的记录散见于各个历史时期的地方志和史书中，近现代以来最早对于浙闽一带畲族的地理分布展开系统研究的当数民族学家何联奎先生，何先生于1940年曾对浙闽一带畲族的分布进行了考证研究，并做"闽浙畲民分布图"（见图1-3），对福建、浙江一带的畲族分布进行了标注。据2010年第六次全国人口普查统计，畲族总人口有708651人，其中男性383213人，女性325438人，分布在闽、浙、赣、粤、黔、皖、湘七省80多个县（市）内的部分山区[②]，其中福建省有365514人，

---

① 邱国珍：《浙江畲族史》，杭州出版社2010年版，第1页。

② 关于畲族分布省份，有六省、七省、八省三种说法，无论哪种说法中福建、浙江、江西、广东、贵州、安徽六省都是被认可的，其中浙闽分布的人数最多，占全国畲族人口的绝大部分。

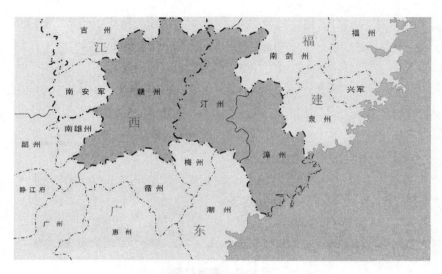

图1-2 南宋末期闽粤赣之交的畲族分布

（南宋末期，赣、闽、粤之交的漳、汀、湖、梅、
赣五州毗邻区域成为畲族的基本住地。）

（笔者依照景宁畲族博物馆资料图绘制）

占 51.58%，数量位居中国畲族人口首位，浙江省有 166276 人，占 23.46%，江西省有 91068 人，广东省有 29549 人，安徽省有 1682 人，贵州省有 36558 人，湖南省的畲族人数为 3059 人，浙闽两省畲族人口占全国畲族总人口的 75%[1]。福建畲族主要分布在福安、霞浦、福鼎、宁德、古田、罗源、连江、顺昌、建阳、建瓯、宁化、永安、上杭、漳浦、龙海等 53 个县市；浙江畲族主要分布在景宁、丽水、云和、文成、泰顺、平阳、苍南、遂昌、龙游、武义、桐庐等 29 个县市[2]。畲族一般有自己的聚居村落，居住较分散，多与周边的汉族村落交错杂处，也有村落是畲汉杂居。《中国少数民族分布图集》中的畲族人口分布图清晰地展示了畲族在东南各省的分布，根据图中所示，畲族在粤北、赣南、闽中南一带呈散点式分布；浙闽交界处分布较为密集，尤以闽东浙南为甚（见图 1-4），这一带的畲族服装式样也是重点研究的对象；自浙南向浙北则呈明显的带状分布。

---

① 根据国家统计局资料 http://www.stats.gov.cn/tjsj/pcsj/rkpc/6rp/indexce.htm。
② 郭志超：《畲族文化述论》，中国社会科学出版社 2009 年版，第 110 页。

图1-3 闽浙畲民分布图

（摘自何联奎《畲民的地理分布》）

二 族称释源——畲、輋、畲

早在公元 7 世纪初，对居住在闽、粤、赣三省交界地区（包括畲族先民在内）的少数民族泛称为"蛮"、"蛮僚"、"峒蛮"或"峒僚"。在各类历史文献资料中可查的正式作为族称的名称有"畲、輋、畲"三个。"畲"作为民族名称最早写为"畲"（从余从田，与现在从余从田用作族称的"畲"字不同）。"畲"字来历甚古，早在春秋时就已经出现，《易·无妄》有"不耕获，不菑畲"之句①，至南宋末年才开始被用作民族的名称，距今已有七百多年的历史。

_____

① 《畲族简史》编写组：《畲族简史》，民族出版社 2008 年版，第 10 页。

图 1－4　浙赣闽粤地区畲族分布

（摘自《中国少数民族分布图集》）

　　"畲"字读音有二，一念 yú，二念 shē。读音不同，含义也有区别。《说文解字》曰："畲，三岁治田也。"《尔雅·释地》曰："田，一岁曰菑，二岁曰新田，三岁曰畲。"也有将二岁之田称为"畲"的，如郑玄注《礼记·坊记》时称"二岁曰畲"。不论二岁、三岁，指的都是刚开垦出来两三年的田地。作此解时，其音念 yú。音念 shē 的"畲"，意为刀耕火种。无论畲念何音，其意均是开荒辟地、刀耕火种之意①。畲，又有"畲

---

　　① 《畲族简史》编写组：《畲族简史》，民族出版社 2008 年版，第 11 页。

田"之意。畲田民族是以畲田，即通常所说的刀耕火种为主要特征的农耕民族。"畲"（从余从田），今作"畲"（从余从田），畲族是最主要的畲田民族之一①，于是，刀耕火种者被称之为"畲民"②。需要说明的是，畲族是我国最主要的畲田民族之一，但历史上的畲田民族，除畲族外，也包括一些以畲田为特征的民族，如苗、瑶、壮等其他许多南方少数民族③。可见，以"畲"字作为族称大约是由于这一民族采取刀耕火种、烧田开荒这种生产生活特点而命名的。

公元 13 世纪中叶南宋末年，刘克庄在《漳州谕畲》一文中说："畲民不悦（役），畲田不税，其来已久矣"，"余读诸畲款状，有自称盘护孙者"，"凡溪洞种类不一：曰蛮、曰瑶、曰黎、曰蛋，在漳者曰畲"④，是为畲族族称最早出现的记载。在古籍中，"畲"又作"輋"，据《广东通志》载："畲与輋同，或作畲"⑤。文天祥在《知潮州寺丞东岩先生洪公行状》中亦载："潮与漳、汀接壤，盐寇、輋民群聚……。"⑥ 至此，汉文史书上才正式出现"畲民"和"輋民"两词并用的族称。"畲民"、"輋民"二者字异音同，意思并不完全相同，"輋"是广东汉族的俗字，意为山地或在山里居住。清代李调元《卍斋璅录》记载："广东潮阳有輋民，山中男女，椎髻跣足，射猎为生。按，輋音斜，近山之地曰輋。"⑦ "輋"为族称，意指在山里搭棚居住的人，"畲民"指福建漳州一带的畲族；"輋民"指广东潮州一带的畲族，"輋民"和"畲民"一样靠刀耕火种烧田为肥，两者是同一个民族的两种称谓。

宋末元初对当时参加抗元武装的畲族队伍称为"畲军"，元代以来，"畲民"逐渐被作为畲族的专有名称，普遍出现在汉文史书上，畲族名称这才得到普遍使用。明代对"畲民"、"輋民"、"畲瑶"、"輋瑶"等称呼

---

① 邱国珍：《浙江畲族史》，杭州出版社 2010 年版，第 1 页。

② 雷弯山：《畲族风情》，福建人民出版社 2002 年版，第 9 页。

③ 邱国珍、赖施虹：《畲族"刀耕火种"生产习俗述论》，《温州师范学院学报》（哲学社会科学版）2005 年第 3 期。

④ （宋）刘克庄：《后村先生大全集》卷 93《漳州谕畲》，四部丛刊本。

⑤ 吴永章：《畲族与瑶苗比较研究》，福建人民出版社 2002 年版，第 38 页。

⑥ （宋）文天祥：《文山先生全集·卷一一》，转引自《畲族简史》，民族出版社 2008 年版，第 10 页。

⑦ （清）李调元：《卍斋璅录》卷 3，商务印书馆 1937 年标点本，第 19 页。

都有使用。清以后出现"畲客"、"畲民"等称呼，甚至一些地区因其奉狗头人身的盘瓠为祖，乃蔑称其为"狗头蛮"。综上可见，宋元明清以降，畲族的族称历经"輋民"、"畲（从余从田）民"、"畲客"、"畲蛮"、"徭人"、"畲人"、"畲（从余从田）民"等不同名称，粤闽浙赣等地对畲族的称呼亦有不同。何联奎曾作"畲民变称表"（见图1-5）对其名称演变进行归纳，以图表的形式清晰地概括出南宋以降至清末民初粤闽浙赣四省对畲民的称呼。

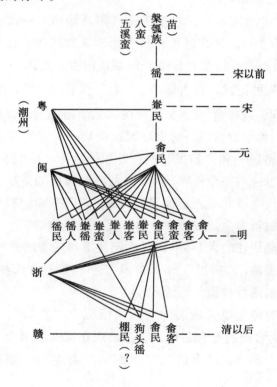

图1-5 畲民变称表

（摘自何联奎《畲民的地理分布》）

前文说的种种称呼都是汉人对畲族人的称呼，畲民自称"山哈"或"山达"（"哈"、"达"，畲语意为"客人"，"山哈"意为山里的客人），这个名称不见史书记载，但在畲族民间却普遍流传。对于为什么以"客"自称，有学者认为与他们的迁徙居地有关：乾隆《龙溪县志》卷十《风俗》记录畲民"无土著，随山迁徙，而种谷三年，土瘠辄弃之，去则种竹偿之。无征税，无服役，以故俗呼之曰客"①。"畲族"是汉族对"山哈"人的称呼，由于畲民四处迁徙，浙闽一带亦有汉族居民称其为"畲客"。"畲"字的两种读音，从余从田乃是其正体，后因一般习惯读"shē"音，从佘从田写作"畲"。

1949 年中华人民共和国成立后，实行民族平等、民族团结的政策，浙、闽、粤、赣等省畲民一起确认民族身份，国家先后于 1953 年、1955 年组织专家、学者和民族工作者对浙闽粤等省的畲民进行认真、慎重、稳妥的民族识别调查，认为畲族虽然居住分散，但在服饰等物质生活、精神文化、风俗习惯和宗教信仰上有自己的特点。直至 1956 年国务院确认其为一个具有自己特点的单一少数民族，正式公布确定民族名称为"畲（从余从田）族"。

三 祖先与图腾崇拜

图腾崇拜是一种宗教性的祖先崇拜，图腾作为一种祖先认同外化的符号性表现，更多的起到一种族群识别的符号性作用。畲族是一个多图腾崇拜的民族，除了盘瓠乃是全体畲族共同认同的始祖外，凤凰也是畲族人民认同的图腾形象，另有一些学者认为盘瓠图腾本身就是鸟犬合一的图腾，而非单一的犬图腾。

（一）盘瓠信仰

盘瓠（槃瓠）是上古的神兽，是现今苗、瑶、畲、仡佬等民族信奉的祖先。盘瓠本是我国古代神话传说中的犬名，相传在上古时代，高辛皇后耳痛三年，后从耳中取出一条金龙，遍体斑纹，育于盘中，后变成龙犬，高辛皇帝赐名龙麒（期），号称盘瓠。"高辛氏有老妇，居王室，得耳疾，挑之，得物大如茧。妇人盛瓠中，覆之以盘，俄顷化为犬，其文五色，因名槃瓠"②。后犬戎入侵，高辛皇帝发榜征天下英雄，帝下诏求贤，告示天下能斩犬戎番王头者妻以三公主。盘瓠揭榜后即往敌国，乘番王酒醉，咬断其头，回国献给高辛帝。高辛帝因它是犬而想悔婚。盘瓠作人语说："将我放在金钟内，七昼夜可变成人"。盘瓠入钟六天，公主怕他饿死，提前打开金钟。见他身已成人形，但头未变。婚后，公主随盘瓠入居

---

① 吴永章：《畲族与瑶苗比较研究》，福建人民出版社 2002 年版，第 39 页。

② 《后汉书》卷 86《南蛮传》，中华书局 1965 年版，第 2830 页。

深山，以狩猎和山耕为生，开荒种田，繁衍后代。生三子一女，长子姓盘，名自能，次子姓蓝，名光辉，三子姓雷，名巨祐，女儿嫁给钟智深（有的地方亦作"志"），故有畲族"盘、蓝（现今有些地区写作'兰'）雷、钟"四大姓氏。

畲族人民世代相传和歌颂始祖盘瓠的功绩，闽东、浙南又称盘瓠为"龙麒（期）"、"盘瓠王"、"忠勇王"，表现形态有龙犬、鱼龙、龙、麒麟等。畲族先民以拟人化的手法，把盘瓠描塑成神奇、机智、勇敢的民族英雄，尊崇为畲族的始祖，尊称为"忠勇王"。虽然畲族族民散居各地但"始终保持对始祖盘瓠的信仰，这个信仰贯穿在组图、族谱、祖杖、传说、山歌、服饰、习俗、祭祀等方面，在畲族文化中占有重要的地位，对于维护民族内部凝聚力和加强民族自我意识起着重要的作用，保持着自己的文化特点和民族意识"①。在记载畲族民族传说的"祖图"和《盘瓠王歌》（又称《高皇歌》）中，盘瓠信仰被演变为生动感人的神话故事，在畲民中世代相传，成为畲族文化中最重要的组成部分。同时，盘瓠信仰在传承过程中逐渐形成了一整套祭祀仪式和仪式工具，如每年的祭祖活动和祖图、神牌等，并形成了"做醮"、"传师学师"、"做西王母"、"吃乌饭"等一系列与之相应的习俗。随着历史的发展及受到汉文化的影响，盘瓠变成了龙犬，象征着神祖盘瓠的犬头祖杖变成了龙头祖杖。畲族的盘瓠信仰虽已有所削弱，或者说在某些方面已稀释了纯粹图腾崇拜的意义，但是盘瓠作为图腾的符号，其图腾名称、祖先观念、图腾禁忌、图腾艺术等各要素在畲族社会生活中仍有相当完整的体现。不论在浙江还是福建的田野调查中，笔者在畲族村走访所至的一些传统畲民家庭至今仍在住房中堂安放有盘瓠的祖先牌位或榜书（畲族榜书即在红纸上用毛笔墨书祖先名号牌位）。

（二）凤凰崇拜

凤凰是中华民族传统文化中典雅等至圣至美的化身，与龙一样被视为中华民族的象征。在畲族的图腾崇拜中，盘瓠与凤凰是共存的，在畲族传统习俗中，"凤凰"是使用率很高的专用语之一，如服饰中的"凤冠"、"凤凰装"，发式中的"凤凰头"、"凤凰髻"，婚联及山墙上的"凤凰到此"批文以及传说中的祖居地"凤凰山"等。畲族的凤凰崇拜情结并非

---

① 黄光学、施联朱主编：《中国民族识别》，民族出版社1995年版，第133页。

偶然，而是根植于深厚的传统文化土壤，有着悠久的历史根源，主要有三个方面的因素：第一是来自始祖传说，凤凰形象来自民族传说中身为盘瓠妻子的三公主成婚时帝后所赐的凤凰装束，三公主的女儿出嫁时亦作凤凰装扮，自此畲族女子均以凤凰装束为美。此外，畲族认定广东凤凰山是本族的发祥地，畲族先祖是自凤凰山迁移至现今的各处居住地的，故对于凤凰山的崇拜也是各地畲族中普遍存在凤凰崇拜的主要原因之一。第二是长期畲汉文化交融的结果，汉文化中对"狗"形象的鄙视心理使得"狗头人身"的盘瓠形象受到一定的冲击，而与汉文化相契合的凤凰崇拜则不断发展，最终得以全方位地融入畲民生活的各个层面之中。第三是族源影响因素，在畲族族源的考证上，大致有畲瑶同源说、古越后裔说、东夷说、土著说和河南夷人说几种说法，其中东夷乃拜鸟的部族，凤凰崇拜有可能是自此而来。凤凰崇拜在畲族女子服饰上得到了淋漓尽致的体现，她们的民族传统服饰又被称为"凤凰装"。在实地考察中，浙闽地区的畲族村庄中随处可见白色外墙上绘制着来源于盘瓠妻子身化彩凤及昭示本族来源于"凤凰山"的凤凰图案，上书"凤凰到此"四字（见图1-6）。可见在畲族人民的传统意识中仍保存有"盘瓠后代"的族群认同意识。

图1-6　印有凤凰图文的畲族房屋
（笔者2011年摄自福建宁德猴盾村）

　　长期以来，畲族人民与汉族人民交错杂居，其经济、政治和文化生活都有着密切的联系，服饰的基本形制和刺绣吉祥寓意都与汉族有一定的相似性，随着大批汉人进入畲民集中聚居的闽粤赣交界区，特别是明清之后汉畲互动程度日深，凤凰的意象因其高贵的寓意且与汉文化相契合而受到重视，于是凤凰便成为凝聚族群认同的另一种象征符号，被畲族的知识分子写进追溯祖居地的历史记忆当中，并以谱牒的书面形式和神话传说的口

头形式代代相传，其中"三公主"凤凰装的传说成为畲族服饰文化的重要
来源，浙闽两地的畲族女子传统服饰通过图案、头饰、彩带等不同形式的
服饰细节描绘出这一共同的民族记忆，这种民族认同也使畲族服饰文化具
有独特的民族个性和审美意味。

第二节　浙闽地区畲族的自然经济状况

　　服饰本身是人类适应自然环境的结果，自然环境是民族服饰风格形成
的重要因素，自然环境对民族服饰的形制、用料、饰物、色彩和图案均会
产生影响，不仅服饰的产生离不开自然环境的基础，服饰的发展同样与自
然环境有着密切的关系。一个地区的服饰形态与服饰文化与当地的地理环
境密切相关，不同的地理环境、气候和生产劳作方式会催生出与之相适应
的地域文化和生活习惯；一地一族之服饰也必然受地理环境之制约与影
响，产生出适应该地区自然环境的式样以便于生活劳作。

一　自然地貌

　　浙闽两省相邻，地势大致自西北向东南沿海倾斜，山脉都是由东北到
西南的走向，主要有盘桓于浙闽交界处的仙霞岭，福建的太姥山以及浙江
的南北雁荡山。两省交界处的浙南与闽东北的山地丘陵地带是畲族的主要
分布区域，境内层山叠嶂，峰峦起伏，海拔多在 500—1000 米，丘陵密
布，正是在这一片茂密的山林之中孕育着以游耕狩猎为生的畲族人民。

　　浙江省地处中国东南沿海长江三角洲南翼，东临东海，南接福建，西
与江西、安徽相连，北与上海、江苏接壤，全省有 18 个畲族乡（镇）①。
浙江省畲族分布的主要区域在浙南和浙西南山区的仙霞岭山脉、括苍山脉
和雁荡山脉，地形以中等山为主，间有丘陵与小面积的河谷盆地，山势高
峻，连绵起伏，海拔 1000 米以上的山峰有 4000 余座，中低山面积占总面
积的 90%，其中中山面积占 78%，地势由西南向东北倾斜，畲族多数居
住在中低山的山腰或山脚②，《浙江少数民族志》甚至以"九山半水半分
田"来描述这一区域的自然地理环境，其地势险峻可见一斑。

---

① 摘自浙江省人民政府网（http：//www.zj.gov.cn/）。
② 《浙江省少数民族志》，方志出版社 1999 年版，第 141 页。

福建省地处中国东南沿海，北界浙江，西邻江西，西南与广东相接，东隔台湾海峡与台湾省相望，地形以山地丘陵为主，全省有 17 个畲族乡①。福建省内的畲族分布在闽江以北较为密集，尤以闽东最为集中。闽东九成以上为海拔在 1000 米以下的丘陵、山地，清初畲族学者蓝鼎元撰文写道："有福宁州、宁德、罗源、连江至省城，皆羊肠鸟道，盘纡陡峻，日行高岭云雾中，登天入渊，上下循环，古称蜀道无以过也。"②畲民所居之处山高路险，交通极为不便。闽东畲族基本分布在距离海岸线 60 公里以内的沿海地带，这给人们造成闽东畲族不是居住在山区地带而是海边的错觉。实际上，从闽江出海口北至闽东东北隅、瓯江出海口的沿海地带是狭窄的沿海丘陵台地，其内侧是坚硬岩体地质山地。除了霞浦县的一半县境是沿海丘陵台地，福鼎、福安、宁德、罗源、连江诸县市，大部分属于坚硬岩体地质山地③。这一地域恰恰是畲族在闽东的主要分布地带，地貌类型以高丘为主，其次是低丘和平原，山地呈零星分布。顺昌、闽侯、莆田、南平一带属于山间盆谷区，山地广大，还包含福安、宁德、古田、政和县（市）的大部以及福鼎、霞浦、建瓯、南平、闽清、闽侯、福州、连江、罗源等县（市）的一部分地区，地貌类型以山地为主，山间盆谷散布全区，镶嵌在不同海拔高程上，是本区农田和聚落集中分布的地带，丘陵所占的比重不大④。

笔者田野调查所至的浙闽地区畲族聚居地，除县乡级较大的行政村外，大多数畲村都要经过曲折回转的盘山路方能达到，山路多急弯，路上常可见山石滑坡所留下的碎石土块，一些村子只有通过包车或搭载当地人的摩托方可到达，行走在路上常可见远方山顶云雾缭绕。这些地方山峦奇特，树木葱郁，多临峡谷悬崖，深沟险壑；虽溪流回绕，但由于地势原因属于山地性河流，溪水自山谷奔流而出，溪涧湍急且多险滩，水量充沛清澈，虽然风景秀丽，但是对于常年在此劳作生活的畲民而言，地理环境可谓险绝艰难。这种深山密林的生活环境造就了畲族服饰短小精干的风格，便于山间行走劳作。与我国多数南部山区少数民族一样，畲族服饰下装多

---

① 摘自福建省情资料库（http://www.fjsq.gov.cn/）。

② （清）蓝鼎元：《鹿洲全集》卷 12，蒋炳钊等点校，厦门大学出版社 1995 年版，第238 页。

③ 《福建省自然地图集》，福建科学技术出版社 1998 年版，第 27 页。

④ 《福建省志》地理志，转引自福建省情资料库（http://www.fjsq.gov.cn/）。

着短裙或长裤而非袍服，浙闽一带的畲民习惯穿着绑腿，也是为了适应山路行走。

二　经济生活

畲族人民主要从事农业生产，山地游耕与狩猎采集并存。畲民男女老少都参加劳动。早期畲族的生产是在丘陵地带刀耕火种，兼射猎为生，地力尽而他徙，这种生产生活模式在诸多史料中均有记载，如明《惠州府志》记载"随山散处，刀耕火种，采实猎毛，食尽一山则他徙"①。畲民离开时种上竹木以偿山林，不纳田税，这也是当地汉民称呼他们为畲客的原因之一："随山而徙，而种谷三年，土瘠辄弃之，去则种竹偿之，无征税，无服役，以故俗呼之曰客。"②

畲族在东南一带的分布是在不断地迁徙中形成的，在一次次的迁徙中，自然条件较好的地方已被当地原住民占有开发，外迁来的畲民只能结庐深山，搭寮而居。畲民每迁至一处，多在荆棘丛生的山岳地带落脚，用猎物和薪炭向当地人换取铁制生产工具，沿用刀耕火种的传统劳作方法开山种粮，凡山谷岗麓地带皆开辟为田地；有水源的地方则开为梯田，所种植的作物多为粟、薯、黍等。畲族新开垦的田地多为生地，土质贫瘠，畲民通过烧山形成草木灰肥土和"石粪"（即石灰石）的方法对土壤进行改良。畲族所处的山地耕作自然条件不如平地，作物收获不丰，加上畲村大多分布在深山林区，靠近荒山野林，频繁有野兽出没，畲民通过毒弩射杀、陷阱捕捉或组织猎户队伍以火铳捕猎，所以狩猎经济比较发达。狩猎不仅可以消除兽害、增补肉食，还可以增加经济收入以弥补农业生产收入的不足。

历史上，为了生计畲民还从事采薪、挑担、抬轿等副业。采薪者，多为妇女，男性则从事挑担、抬轿等体力活③。明末清初畲族居住地逐渐稳定，改游耕为定耕，20世纪后半期由于国家采取民族平等和民族团结的政策，扩大经济作物种植和大力发展工商业、旅游业，狩猎渐少，采薪挑担的体力活也逐渐被外出打工的谋生方式取代。

---

① 嘉靖《惠州府志》卷14《外志》。
② 乾隆《龙溪县志》卷10《风俗·杂志》。
③ 《浙江省少数民族志》，方志出版社1999年版，第141页。

　　畲族所居山区矿藏丰富，有煤、铁、金、铜、石墨、石膏、硫黄、滑石、云母石、瓷土以及其他各种有色金属①，故畲民历史上有采矿采石谋生的传统，而畲族服饰上也多用五色石珠串成串珠装饰。除此之外，各地畲民还根据山区特点种植各种经济作物，在众多的经济作物中，苎麻和蓝靛占有非常重要的地位，这两种作物一为纺织原料，一为染色原料，它们在畲民中的普及流行对畲民传统服饰有相当的影响力。

　　畲族的经济作物中，苎麻种植面积占有很大比例，有的畲族村由此被称为"苎寮"。苎麻是畲族传统衣着原材料，清明时种麻，立秋时收割，旧时畲民"家家种苎，户户织布"，畲族男女所穿服装用布一半以上系自己纺织的苎麻制成②。畲民大多自备木制织布机，苎麻剖成麻丝、捻成麻绩，用于织麻布或绞麻线，自织自染自用。1950年后随着国产棉布、化纤布大量投放市场，苎麻布受到冲击，种植面积日渐减少。据笔者在景宁东弄村的田野调查中走访的（畲族老人）回忆，当地人20世纪60年代还穿自种自纺自染的苎麻服装，同期调查中还见到畲民家中新制的苎麻围腰。

　　蓝靛学名马蓝，又称青靛、菁草、大青叶，畲民俗称"菁"，在畲族地区有很长的种植历史。畲民尤擅种菁，甚至一度因此获得诸多以"菁"命名的别称：明弘治以前，从闽西、闽南一带迁徙到莆田的畲民因大量种菁而被称为"菁民"。明中叶以后，又有一批畲民迁到闽东种菁，被称为"菁客"。明末清初进入浙南一带的畲民搭建草寮，垦荒种菁，其草寮被称为"菁寮"。明清时期，畲区不仅普及种菁，而且畲民种菁技术好，所得菁的质量很好。种植者将其叶绞汁，用石灰拢成靛，用于染布，其色鲜艳，经久不褪，品质极佳。民国以后，随着西方染料和纺织品进入国内市场，蓝靛逐渐被现代染料取代，畲民中种菁的人越来越少，到近现代种菁者逐渐消失。

　　虽然在畲民族内流传的《开山公据》和民族传说中有永免杂役、不纳粮税的说法，但是在历史上，畲民还是经常受到当地政府和权势地主的盘剥压榨，明清时期由于大部分地区的山林已被地主、官吏所占，畲民只

---

　　①　《中国少数民族》修订编辑委员会：《中国少数民族》，民族出版社2009年版，第851页。

　　②　《畲族简史》编写组：《畲族简史》，民族出版社2008年版，第46页。

能租种土地沦为佃户，或开山造田缴纳山租。历史上，畲民绝大多数都从事小农生产，过着自给自足的生活，以狩猎、帮工、编织彩带和竹制品等手工业、副业为重要补充。苎麻和蓝靛的生产为畲族服饰从种、纺、织、染、缝都可自己完成，也决定了畲族服饰传统上以麻为材料、色尚青蓝的传统。

第三节　浙闽地区畲族服饰的人文历史环境

服饰的形成与演化发展深受社会、文化等诸多人文因素的影响，对于民族服饰而言，在漫长的形成与演化发展过程中，本民族的历史发展、迁徙、信仰和民俗生态环境等诸因素交互作用，不同程度地影响着服饰的审美取向、装饰风格、服制形式等。对于畲族服饰的形成、发展和演化的研究必须要结合畲族历史发展、迁徙过程和人文环境进行分析，从其族群的脉络发展轨迹上亦可探寻服饰演进发展的轨迹。

一　畲族历史渊源

由于畲族没有本民族的文字，在关于畲族来源的考证上缺乏确实可信的文字材料记载，各派学说对其族源来历众说纷纭，民族学家蒋炳钊将其称为"一桩聚讼不决的学术公案"①。目前学界对畲族的族源尚未达成统一认识，通过不同的考证角度形成了几种不同的族源说：武陵蛮说、东夷说、河南夷说、土著说和多源说，其中前三种均认为畲族是由外来族裔迁入到现居住地的，与土著说一起成为畲族族源来历的几种基础学说，而多源说则是新近兴起的一种学说。

（一）武陵蛮说

根据畲族族内图腾信仰和祖图显示，各地畲族均认同其民族源起于盘瓠与高辛皇帝的三公主的后代。盘瓠传说本身是原始社会流传下来的一种神话，作为一个族群认同的标志，盘瓠传说反映了畲族的民族认同的心理状态，对于探讨其民族历史来源具有一定的参考意义。畲族保存的《开山公据》（又名《抚徭券牒》）和瑶族的《迁徙榜牒》（又名《过山榜》）都同样记载着原始图腾形制的盘瓠（亦作"槃瓠"、"盘护"）传说，正是由

① 蒋炳钊：《畲族史稿》，厦门大学出版社1988年版，第221页。

于对于盘瓠传说相近似的信仰，两族均有盘、蓝、雷等大姓，一些民间传说、祖图和祭祀内容也与此有关。故古今方志文献中均提出畲瑶同源均为武陵蛮后裔的说法。甚至有不少学者认为畲为瑶的一支，历史上曾出现"畲瑶"之称即源于此。虽然畲瑶有非常密切的历史关系，但由于长期的民族发展，两者已经形成了不同的生活习惯、民族文化、风俗习惯，在民族认定上早已成为两个不同的民族。由于盘瓠传说来自于《搜神记》，其分布甚广，几乎涵盖南部省份的大半，仅依靠盘瓠传说并不能确定畲族的武陵蛮来源。除盘瓠传说外，目前史料中尚未找到畲族是武陵蛮的一支或是从湖南迁来的其他线索[1]。

（二）东夷说

与武陵蛮说一样，东夷说也认为畲族迁自湖南一带。费孝通先生1981年在中央民族学院民族研究生座谈会上回忆潘光旦先生对于苗、瑶、畲关系的论述时说："这三个民族在历史上有密切的关系，可能是早年从淮水流域向南迁徙的中原移民……"春秋战国时代生活在淮河和黄河之间的东夷里靠西南的族名就是一支徐夷，与苗、瑶、畲有密切的渊源关系，"后来向长江流域移动进入南岭山脉的那一部分可能就是瑶；一部分从南岭山脉向东，在江西、福建、浙江的山区里和汉族结合的那一部分可能就是畲，另外一部分曾定居在洞庭湖一带，后来进入湘西和贵州的可能就是苗"[2]。东夷说认为畲族文化与东南越族的文化特点大相径庭，其来源与东南越族无关，而与迁入武陵地区的诞[3]、徐、彭等关系密切，即为隋代史籍上记载的"蜒（莫徭）"，莫徭是武陵蛮的一支，由东夷族群迁徙而来，融合了东夷的徐、彭和三苗、氏羌的成分而形成，大约在唐宋之际，莫徭在迁徙的过程中，又分别形成了新的族体——畲族和瑶族[4]。

（三）河南夷说

也称"高辛后裔说"，根据畲族族谱记载认为畲族始祖盘瓠是高辛氏的驸马，高辛氏就是古代河南中原一带的一支部落首领，这支夷人后来发展成为帝喾族。据畲族族谱记载的"盘蓝雷钟"四大姓氏所受的封地与

---

①　《畲族简史》编写组：《畲族简史》，民族出版社2008年版，第16页。

②　费孝通：《民族社会学调查的尝试》，《中央民族学院学报》1982年第2期。

③　即"蜑"，与"蜒、疍、蛋"相通，蜒民即疍民，意即生活在水上的人，或从水上而来的人。

④　张崇根：《畲族族源东夷说新证》，《中南民族学院学报》1986年第4期。

当时高辛帝管辖地域一致：盘姓始祖盘自能受封南阳郡"立国侯"（盘姓已在迁徙中消失，一说流入台湾岛内，一说在浙江临安发现了一部分盘姓，是否是畲族及由何处迁徙发展而至待考），蓝姓始祖蓝光辉受封汝南郡"护国侯"，雷姓始祖雷巨祐受封冯翊郡"武骑侯"，钟姓始祖钟志深受封颍川郡"国勇侯"。这些地方均在今天的河南一带，如今畲族家庭的厅堂上或神龛中书写的"汝南蓝氏"、"冯翊雷氏"、"颍川钟姓"，就是根据各姓始祖在高辛帝时受封的祖源之地流传下来的①。

（四）土著说

土著说认为畲族是聚居地本地土著发展而来的一个族群，最为典型的有"古越后裔说"、"南蛮说"、"闽族后裔说"。历史上"百越"和"南蛮"都是对南方民族的一种泛称，战国、秦、汉时期居住在长江以南的都是越族，而南蛮泛指我国东南和西南的多数少数民族。古越后裔说以民族学家傅衣凌②为代表，根据两者古今地理分布、民间传说等主张畲族是古越族后裔，认为畲与蜑同出于越，后辗转流布于今之闽浙赣三省边区，并深入广东，有居山和居水两类，山居为畲，水居为蜑。南蛮说认为畲族起源于"蛮"或"南蛮"的一支，加之广东凤凰山又是浙闽一带畲族家喻户晓的民族发祥地，故认定畲族是广东的土著民族，来源于居住在海南、广东、湖南（武陵）一带崇山峻岭中被泛称为南蛮的少数民族（包含苗族、壮族、瑶族、黎族和畲族等）。闽族后裔说认为畲族并非来源于越族而是闽族遗裔③，闽、越是我国南方的两个古老民族，居住在现今福建和浙江境内，闽族是福建土著，越族是福建客族。

（五）多源说

近年来学术界提出的一种学说，认为畲族是在相当长的历史时期和相当广阔的地域范围内随着民族迁徙、融合、发展而成的一个族群，对以往纠结于畲族起源于何处的一元论族源说观点提出了挑战，将畲族族源的研究定位在中华民族多元一体理论与畲族的多元一体格局下，认为武陵蛮、长沙蛮、百越民族、南迁的汉族，还有湘赣闽粤交界区域或其他土著种族

---

① 邱国珍：《浙江畲族史》，杭州出版社 2010 年版，第 8 页。

② 傅衣凌：《福建畲姓考》，《福建文化》1934 年第 1 期。

③ 陈元煦：《试论闽、越与畲族的关系》，《福建论坛》1984 年第 4 期。

共同缔造了畲族，他们都是畲族构成的要素①；或许正是由于潮州在畲族孕育形成史中的关键作用，使它在后来各种来源的畲族成分整合过程中处于主导地位，久而久之形成了凡畲族追根都要追到潮州凤凰山的局面，因而被畲族史诗族谱奉为祖居地和发祥地。凤凰山在族源传说中仅作为一种图腾意义的文化符号而存在，有了它，畲族才最后完成了一个民族的自我认同，才使该民族保持了强大而持久的凝聚力②。综合考察畲族文化的各个侧面可以发现畲文化显现出的是一个多元共生的复合格局：既信奉始祖传说，又崇拜凤凰；既受汉文化的影响，又顽强地保持着民族性。这迫使我们不得不去思考其来源的复杂性。实际上；任何一个民族或族群的形成和发展演化都不是孤立不变的，而是在多种多样的社会民族关系的结构分化中形成的。民族的形成本身就是一个不断迁徙、融合的复杂的历史过程，"多源说"是畲族族源研究的一个亮点，为畲族族源的研究提供了新的思路和方法，符合畲族多元共生复合格局的历史和文化背景③。对于畲族族源的各种说法均有一定的依据，多元说综合各方面证据，对畲族族源进行了客观理性的分析，符合民族发展的复杂性，可信度较高。

二　畲族迁徙路线

畲族历史上是一个频繁迁徙的民族，可以说畲族的民族发展史很大程度上是建立在民族迁移史基础之上的，这种刀耕火种却迁移不定的生活被称为"游耕"。民国十八年《霞浦县志》记载："霞浦县畲民，崖处巢居，耕山而食，去瘠就腴，数岁一徙"；《漳平县志》："……随山种插，去瘠就腴"④；《惠州府志》："食尽一山则他徙"⑤；《永春县志》："率二三岁一徙"⑥。可见畲族的迁徙不是整个族群目的明确的搬迁，而是一部分支系的族民在一地生活一段时间后，全体或部分再前往另一处。畲族人民在不断的迁徙中繁衍生息，形成了顽强、坚韧、勤劳、崇勇的民族性格，形成了畲族特有的一些风俗习惯、审美情趣和不同的服饰形制。这种不断的

① 谢重光：《畲族与客家福佬关系史略》，福建人民出版社 2002 年版，第 7 页。
② 谢重光：《畲族在宋代的形成及其分布地域》，《韩山师范学院学报》2001 年第 3 期。
③ 邱国珍：《浙江畲族史》，杭州出版社 2010 年版，第 13 页。
④ 转引自何联奎：《畲族的地理分布》，《民族学研究集刊》1940 年第 2 期。
⑤ 嘉靖《惠州府志》卷 14《外志》。
⑥ 万历《永春县志》卷 3《风俗》。

迁徙最终形成了今天全国范围内的杂散居民族分布状况。要梳理浙闽两地畲族服饰的脉络性和承继关系，必须从了解他们的民族迁徙轨迹开始。现今浙闽两地的畲族均认同广东省潮州凤凰山是畲族的起源发祥地。隋唐之前，畲族先民在粤、闽、赣交界的凤凰山区繁衍生息，此处的"闽"是指闽西和九龙江以南的漳州地区，其后从此地陆续迁至福建、浙江等地，宋元到福建中部、北部一带，明清时已大量遍布于闽东、浙南一带。

（一）迁徙路线

郭志超认为畲族形成后，迁徙并未止歇，并将这种迁徙分为主流迁徙和非主流迁徙两类：由闽粤赣交界地区向东北方向为主流迁徙，造就了闽东、浙南这一新的畲族大本营，在闽南的畲族进一步北扩至闽北、赣东、浙北甚至皖南；非主流迁徙是由粤东向珠江入海口一带的迁徙、由赣南向湖南、湖北和贵州的迁徙①。丽水流传的畲族《高皇歌》② 中对于迁徙路线的记载是：

> "蓝雷钟姓出广东，广东原来住祖宗……住在广东已多年……山瘦土薄种无食，走向福建是平原，兴化莆田住长久……自愿走路到连江，古田罗源好田庄……走去浙江处州管，住在景宁是北村，景宁住住人又多，思思量量过云和，云和住久过松阳。"③

从这一民族史性质的描述中可以清晰地看到广东→福建→浙江的总体迁徙路线，而正是这种多次往返辗转迁徙造成了现在畲族人口分布"大分散，小聚居"的格局和畲汉杂处的状况。畲族研究学者根据史料考证总结出畲族自广东潮州起的迁徙路线（见图1-7）。本书所研究的是浙闽两地的畲族服饰，所以将重点考察畲族在浙闽两省的迁移路线。按照畲族由广东至福建再至浙江的总迁徙路径，本书以广东潮州为起点，主要研究畲族由粤入闽和由闽入浙的两大迁移路径。

① 郭志超：《畲族文化述论》，中国社会科学出版社2009年版，第74页。
② 《高皇歌》各地流传有不同版本，不同版本描述略有差异，但总体迁移路线相同。
③ 施联朱：《关于畲族来源与迁徙》，《中央民族学院学报》1983年第2期。

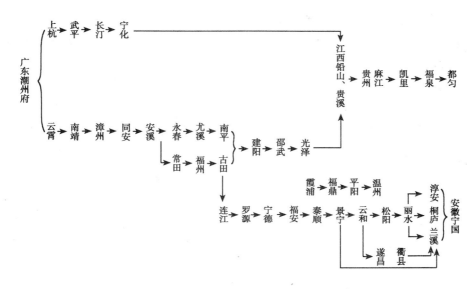

图1-7　畲族离开广东后的大致迁移路线

（摘自《畲族简史》）

1. 由粤入闽。

唐代，原居住在闽侯雪峰山一带的蓝文卿迁入古田，以及稍后居住在今莆田仙游（兴化）大蜚山（大飞山）的畲民迁入罗源为代表，畲族开始往闽东境内迁移。这种民族迁移活动经历了宋、元以后，到明、清时期更趋频繁，大量落籍闽东的畲族人民在偏僻山区依山垦田而耕，搭寮而居①。畲族自闽赣粤交界地区迁入闽南、闽北和闽东主要始于唐早期，施联朱给出的迁入闽南的路线是："潮州→云霄→南靖→漳州→同安→安溪→永春"②。根据吕锡生的观点，畲族迁入闽北的路线可能有两条，一是由闽南入闽北，延续施联朱前面提出的路线："潮州→云霄→南靖→漳州→同安→安溪→莆田→闽侯（福州）→建阳"；二是从隋唐之前的闽西居住地入赣后再度迁入闽北："闽西→赣南→闽北邵武→建宁（建瓯）"③。畲族最早于晚唐迁入闽东，唐乾符三年（876年）起，先后有蓝、雷、钟三姓共73支迁入闽东福州地区，沿海岸线从闽西南至闽南至闽东，主要

①　《畲族简史》编写组：《畲族简史》，民族出版社2008年版，第31页。

②　施联朱：《关于畲族来源与迁徙》，《中央民族学院学报》1983年第2期。

③　吕锡生：《畲族迁徙考略》，《畲族研究论文集》，民族出版社1987年版，第263页。

迁徙路线为："泉州→莆田→闽侯（福州）→连江→罗源→宁德→福安→霞浦→福鼎"，而后部分继续向北迁入浙南温州、丽水各县，部分回迁福鼎、霞浦、福安和宁德；另外还有一条线路为："闽侯→古田→屏南→宁德"①。

2. 由闽入浙。

唐永泰二年（公元766年）从福建罗源县十八都苏坑境南坑迁至处州府青田县鹤溪村大赤寺（现景宁畲族自治县大赤洋村）的雷进裕一家五口是最早迁入浙江的一支畲民，后居叶山头村。宋代亦有畲民陆续迁入，至明代开始畲民大量迁入浙江，据统计明清时期迁入的畲民明代有46支，清代有28支。畲族先民原居粤东北，由粤入浙的迁徙路线多自广东经福建入浙江，也有少数支族由广东经江西入浙江②。可见，以广东潮州府为起始，畲民经由广东、福建逐渐向北，迁至浙江、江西省境内。浙南遂昌《钟氏家谱》中记载的迁移路线为："广东潮州→福建南靖→同安→安溪→福州→连江→罗源→浙江景宁→遂昌"③。这一记载的迁徙线路具备一定的典型性，是大多数浙南畲族迁移的代表路线。

郭志超将畲族由粤东经闽东入浙江的主次路线归纳为：主要通过广东潮州至福建再到浙南，个别由海南入广东经福建连江至浙江景宁（另有一支从琼州直接入丽水）。大部分由粤闽入浙的迁徙路线在潮州至福安段基本一致（参见图1-5潮州至福安路线），由福安入浙后归纳为两条线路："福安→泰顺→景宁→云和→松阳→丽水→金华→兰溪→桐庐→临安"为主要线路；"福安→福鼎→苍南→平阳→温州"为次要线路④。

畲族由闽东入浙南的族谱资料，若涉及迁徙地点，往往都会提到罗源和连江，甚至具体到罗源大坝头和连江马鼻头两地。除了出发地多为潮州海阳县外，连江是畲族由水路登陆闽东的一个关键地点，而罗源就是畲族由闽东往浙南迁徙的又一个关键地点。根据上述资料，闽东罗源至浙南景宁一带是畲族在浙闽之间迁徙的重要路段，由连江至福安的迁徙比较清晰，由福安分两路迁入浙南，畲族由闽东迁入浙江的主要流向是进入处州

---

① 蓝运全、缪品枚：《闽东畲族志》，民族出版社2000年版，第30页。

② 《浙江省少数民族志》，方志出版社1999年版，第1页。

③ 郭志超：《畲族文化述论》，中国社会科学出版社2009年版，第81页。

④ 同上书，第92页。

府（今天的丽水地区），景宁是由闽入浙后畲族的主要集散地。具体路线一般由福安进入浙南边缘的泰顺一带，而后迁入浙南的景宁。福安至景宁一带成为畲族在浙闽的迁徙走廊，至今这一走廊地带仍是畲族人口最为集中的地区。而浙江境内的其他畲族则大多以景宁为基点再做扇形分布，由景宁分别向西北迁至云和、向东南迁至苍南。其次还有一条线路是由福鼎进入苍南，而后迁往平阳以及温州所辖地区，这一带属于沿海地区，人口密度较高，后又有一部分回迁至闽东，一部分向西迁入丽水地区①。综上所述，结合施联朱和郭志超的研究结论，笔者将畲族自罗源入浙迁徙路线归纳见图1－8所示。

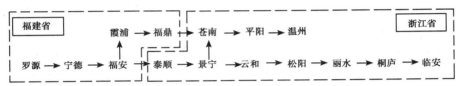

图1－8　畲族自罗源入浙迁徙路线图
（笔者根据资料整理绘制）

（二）迁徙原因

从畲族迁徙的路线可以发现，畲族的迁徙并非单一目的的直线式迁移，而是历经各地甚至数省的盘旋式迁徙，有时候甚至伴有逆向的迁徙，如从闽东迁入浙南，再由浙南回迁至闽东。可见很多时候畲民的迁徙并没有明确的迁徙方向，而是哪里的自然资源和民风政情适合生产生活就迁往哪里。何联奎在《畲族的地理分布》一文中曾对畲族频繁迁徙的原因总结为首先源于畲民随山种插的经济和环境原因，其次为历代变乱或受其他人的压迫而东迁西徙，随山散处，这是人为的原因或曰政治的、社会的原因②。正如前文对族称的解释，畲族的"畲"字本来就代表了一种刀耕火种、广种薄收和兼营狩猎、采薪的耕猎生活模式，这对土地资源和自然条件有较高的要求，需要有广阔的空间和良好的自然资源，所以畲民不断地迁徙也是为了获得合适的生态环境，逐地而居。因此，畲民的生产生活方式需要靠迁徙维持生计，是造成民族频繁迁徙的根本原因。常抄录于族谱内作为序文的《开山公据》是畲族族内传承上千年的一种文化观念集成，

①　郭志超：《畲族文化述论》，中国社会科学出版社2009年版，第88—92页。
②　何联奎：《畲族的地理分布》，《民族学研究集刊》1940年第2期。

畲族的祖图就是它艺术形象化的表现。《开山公据》中所述"陛下敕赐'御书铁券'与盘瓠子孙……永免差役，不纳粮税。……只望青山而去，遇山开产为业。……远离却庶民田圹一丈三尺之地，乃是瑶人火种之山。……助耕火种。……任游山村，捕野禽射豕肉，给家之用，世代相承"的内容也表达了耕山徙居，不役不税的内容。畲民的游耕徙居生活不一定要进行长距离的迁徙，只要有足够的空间，人口密度较低，田地足以供养族民即可，这也是畲族迁徙存在一定的盘旋性和回迁性的原因。此外，经济和政策上的压力是迫使畲族频繁迁徙的另一个重要原因。历史上有的迁徙是由于封建社会的政治压迫和军事抗争失败而导致的，比如宋元之际畲民抗元义军的长途转战和明中期王阳明对江西境内畲族起义的镇压导致抗争失败的畲民四处飘荡徙居。有时原住地经济盘剥严苛也会导致畲民"贫不能存，亡徙以去"①。有的地方由于当地地主势力对畲民的欺压，见畲民将山地垦熟就收回，导致畲民只好继续迁徙，另寻他处开垦新地。郭志超还认为畲民擅长的蓝靛种植生产和采矿采石等需要大量劳动力的行业引发了人口的大量流动，经济发展原因也是促使畲民迁徙的重要因素。

三　畲族宗教信仰

（一）祖先崇拜

畲民不论家族迁徙至何处，盘瓠信仰始终是各地畲民的祖先崇拜和族群认同标识，由于认盘瓠为始祖，所以对盘瓠的祭祀在很多地方也被称为"祭祖"。畲族把盘瓠传说以小说歌《高皇歌》的形式编排传唱，绘成"祖图"、刻上"祖杖"，被畲民视为不可侵犯的圣物和传家宝。祖图、祖杖平时由族人轮流保管，秘而不宣，也不让外族观看，逢年过节则挂在厅堂供族内祭祀叩拜。畲族对祭祖活动十分重视，祭祖的仪式主要分为家户祭、宗族祭和醮名祭三大类。

1. 家户祭。

畲民的每家每户都有一个代表历代祖先的香炉，在一次次的民族迁徙过程中，其他用品可以舍弃，只有这个香炉不能丢。畲民定居时在住房中堂照壁设香龛安放祖先香炉，俗称香火桌。中间贴壁联，称香火榜，由于传说中高辛皇帝将三公主赐嫁时曾封盘瓠为忠勇王，故各户香火榜的榜词

---

① 同治《景宁县志》卷12《风土·附畲民》。

常见为"本家虔奉堂上高辛皇氏赦封忠勇王××郡（蓝姓写汝南郡，雷姓写冯翊郡，钟姓写颖川郡）长生香火祖师历代合炉祖宗之位"。畲族不仅过年过节要准备祭礼祭祀祖宗，凡家有嫁娶、出生、寿辰等喜事亦备祭礼祭祀，每逢农历初一、十五要在香炉敬香，表示不忘先祖。人死后做功德（法事）要请历代祖先接受祭祀，功德仪式后，就把死者香炉并入祖先总香炉，表示同样接受下辈后人的祭祀①。

2. 宗族祭。

畲族宗族祭祖日有春祭（春节期间，尤其是初一至初五，有地方延长至正月十五）秋祭（八月十五）和大祭（除夕），除了这些较为统一的祭祖时间，各地畲族也会在二月十五、三月初三、清明、端午、立冬、十二月十五或冬至时祭祖，一般某一宗族内集体性的祭祖一年仅一两次。祭祀的地点畲族祠堂，没祠堂的就在祖厝。畲族自广东迁往浙江的漫长途中，长期过着游居的生活，故出现一种"祖担"（亦称游担）代替祖祠。据《龙游县志》记载："畲民祠堂仅以竹箱两只，一置香炉红布，一置画像，即呼为祠堂也。"②祭祀的时候厅堂里悬挂"祖图"，摆放"祖杖"，由族长主持祭祀仪式，唱《高皇歌》、诵读祭文，族人按照辈分依次顶礼膜拜。每户由男性家长代表参加，妇女可以观看但不能参加祭拜，近年来提倡男女平等也出现男女不限的祭祀情况。宗族重修族谱后也会举行宗族祭祖，称为"祭谱"，通常在农历七月十一至十五是闽东畲民较为普遍的祭谱日期。

"迎祖"是组成宗族祭祀圈的同一宗族各宗支之间迎请祖亭的仪式，是闽东畲族宗族祭祀中的重要活动，参与人数众多，场面宏大。同姓同支的畲族共设内置祖牌、祖杖和香炉的"祖亭"一座，轮流陈列祭祀。接"祖亭"的村庄向陈放"祖亭"的村庄请来"祖亭"后，将其安置于本村祠堂或祖厝大厅，敬奉两年至三年后再按顺序由下一村庄请祖，依次轮流，周而复始。各地畲族请祖时间为农历正月初三至十五之间，逾期须待来年，但若村里有特殊的天灾人祸可不受此限，通过"迎祖"以期驱灾避祸。

---

① 《浙江省少数民族志》，方志出版社1999年版，第350页。

② 《龙游县志》，转引自《畲族简史》，民族出版社2008年版，第27页。

3. 醮名祭。

"醮名"① 是畲民世代相传的一种祭祖仪式,以原生型的民间祭祀歌舞的形式表现已学过"法"的师公带领要学法弟子去闾山学法的过程,演绎了学法的艰难历程,以各路法师的唱词结合简朴的舞蹈动作,反映畲民族的发生、发展、兴亡的历史和民族传统文化的变迁,同时反映了畲族人民尊师重道、崇拜祖先的民族心理,具有男子成丁礼性质和传承民族文化的功能。"闾山学法"的内容也在以绘图形式记录民族历史的畲族"祖图"中有所表现。现在流传的传师学师仪式主要是为学师人取法名,并把法名和传师学师的时间写在红布条上并悬挂在本支族共有的龙头祖杖上给后代查考,学师者死后法名要载入宗谱。学过师的称之为红身,没有学过师的则称之为白身。"传师学师"仪式十分隆重,需择黄道吉日,备酒杀猪,六亲相贺。整个仪式有请师爷、造寨、造老君殿、师公接神、学师弟子拜天地、学师弟子拜师爷、学师弟子拜师公、为弟子取法名等 60 个仪式程序,仪式需持续三昼夜才能做完。男子举行醮名仪式需在 16 岁以上,一家若有兄弟 2 人可以有一个做醮名,兄弟多人的则不得超过 2 人,而且只有父亲做过醮名的,儿子才能继承,因此要求,有资格做醮名的人日渐稀少,这种仪式也很难见到了。有了醮名后就成为"度法师"或"东皇公",可以为他人做功德、做醮名。女子参加过这种祭祖仪式的叫"皇母娘"或"西皇(王)母"。与男子不同的是,畲民女性没有行成丁礼,只有夫家上代有人做过"西皇(王)母"的,且自己有子孙才可请有醮名的男子"法师"主持祭祖仪式,一家内在世的人中不能同时有两人以上做"西皇母"。学过师的男子和仪式中任西王母的女子,生前受人尊重,死后也享受和"白身人"不同的入殓仪式。没有学师者,死后功德可做可不做,做功德的,则称为"白身功德"。据记载"父已祭祖,子必祭祖,否则父亡时,子就不能作孝子治丧,必请曾祭祖者为孝子,代治丧之责。治丧时必邀请祭祖者八人穿青红各色祭衣,在死者灵前吟诵,或在祖先牌位前歌舞,名曰功德。未作功德则不得葬,葬则认为不吉"②。

---

① 有地方写作"醮明",亦称"做醮",浙江景宁一带叫"传师学师",也有称"奏名学法"的。

② 胡先骕:《浙江温州处州间土民畲客述略》,转引自张大为等编《胡先骕文存》(上),江西高校出版社 1995 年版,第 98 页。

值得一提的是，畲民家庭堂屋中供奉祖先，浙南一带甚至只供祖先不供奉其他神灵（唯有供奉灶君，偶见福德正神①）。这种祖先崇拜的痕迹在当今很多畲民家庭中仍有保留，笔者在福建和浙江畲村进行的田野调查中，很多畲民老屋的堂屋中央依旧有香火榜和香火桌。祖先崇拜的对象除了始祖盘瓠外，还包括对始祖的儿子、女婿的崇拜，即武骑侯盘自能、护国侯蓝光辉、立国侯雷巨祐、勇敌侯（一作国勇侯）钟智（志）深的祭祀和崇拜。传说中的族内英雄、被神化了的历史人物。有的是历史上确有其人，在民族发展和抗争历史上建立过丰功伟绩的人物，他们生前深受畲族人民爱戴，死后被封为神灵，如陈靖姑；还有一类是传说中的人物，如在福建受崇拜的本族神灵田公元帅、钟景祺等，畲族人民认为供奉的这些神灵能保佑本民族子孙繁荣昌盛②。

（二）巫术崇拜

巫术产生于原始社会，畲族巫术常与神灵结合，通过象征符号的操弄以影响现实生活，逐步与"驱鬼辟邪"结合进入民间信仰领域。当巫术附庸于神明，巫术就变异为法术，清以后，畲族传统巫术几乎完全依附和求助于神灵而成为法术，巫师也演变为法师。畲族法师所做的法术主要传承自闾山三奶派这一民间道教，法师也称师爷，平时都从事农业和手工业劳动，只在有需要时行仪式作法。浙闽一带的畲族地区本身的巫术传统和当地汉族的道教影响结合，形成了畲族自己独有的巫术崇拜。闽东畲族法师尊陈奶娘（即闽浙道坛的女神陈靖姑）为"师公"，在祖图中有所体现，畲族驱鬼镇妖的巫术活动"奶娘踩罡"即来源于此。畲族法师在醮仪中所使用的占卜、符咒、手诀、踩八卦、起洪楼（搭天梯）、踩炭火、放油火，以及运用的法器及法物，都透露出古老的巫道之风的信息③，与道、佛、儒文化均有相通之处。法师（师爷）具有无上法力，举行一些祭祀仪式的时候要专设师爷法坛，相关活动在法坛中进行，主要为畲民祈福、驱鬼、祛灾、祛病。畲族老人过世后举行功德仪式时，要在灵堂附近设"师爷间"安放师爷香案，仪式的每个环节都要请师爷念诵经文，向师爷祷告所进行的活动，并向师爷

---

① 郭志超：《畲族文化述论》，中国社会科学出版社 2009 年版，第 465 页。

② 《畲族简史》编写组：《畲族简史》，民族出版社 2008 年版，第 196 页。

③ 蓝雪霏：《畲族醮仪音乐研究》，转引自郭志超《畲族文化述论》，中国社会科学出版社 2009 年版，第 474 页。

敬酒。平时生活中的一些占卜活动也要请师爷来占卦。以师爷或法师为主体的巫术崇拜是畲族特有的一种民间信仰，"法师（师爷）"这一身份在畲民的人生礼俗仪式中占有重要地位。

（三）诸神信仰

各地畲族的神佛信仰不尽相同，有世俗化的佛道诸神、自然神灵和民族俗神信仰三大类，俗神信仰因各地畲族差异而有不同，也从一个方面反映了畲族迁入各地后的土著化过程。值得一提的是，在畲族众神如云的信仰中，奶娘神是具有民族信仰特征的神灵，被畲族法师尊为"师公"，在民间影响甚广，也渗入到民间祈福祛灾的各式宗教活动中。

1. 佛道诸神。

由于畲族长期与汉族杂处，受汉族佛教和道教的影响较深，佛道成为畲民主要的宗教信仰，尤其是道教。畲族认为三清与民族始祖盘瓠同样尊贵，在重要的祭祀场合悬挂三清画像和本民族的祖图，对太上老君有特殊的情感，奉为本民族的保护神，冠以"日月紫微星"的尊号。除此之外，畲族供奉的道教神祇还有：玉皇大帝、真武帝、三官大帝、福德正神等。福德正神俗称"土地公"，在畲族广受崇奉，不论浙闽的畲族乡间到处可见小型的土地庙，每年农历二月初二为土地公生日，举行祭祀活动，祈福保佑五谷丰登、人丁兴旺。图1-9为笔者在福建省宁德市蕉城区猴盾村所摄土地庙，依山傍水，门口高悬红灯笼，贴着红纸书写的"请主"、"圣驾"、"回宫"、"神功佑民千年旺，圣德保境百业兴"的字样。畲族对道教的信奉使得在法师作法的仪式和穿着、儿童民俗服饰品和畲族小说歌中均有道教的痕迹。佛教也渗透在畲族信仰民俗之中，尤其十分信奉观音菩萨，在福建、浙江的很多畲族地区都修建有观音庙，有的还在自家厅堂神龛旁摆上观音像加以供奉，以求救苦救难、除灾祛病。浙闽两地畲民家中对神明的供奉有显著差异，闽东畲族民居大厅通常在屏壁两侧门的上方设有神龛，左神明、右祖宗地供奉，但是浙江的畲民家中只供祖不奉神（除灶君和偶见福德正神）。而浙南畲族几乎均由闽东迁入，这种反差说明两地畲族在迁徙分居逐渐形成了不同的祭祀供奉习俗。畲民是多神崇拜，除了道教和佛教外，还有少量的基督信徒，何子星在《畲民问题》一文中提到："又信佛教，亦有受洋人宣传的影响而信基督教的，然甚寥寥。"[①]

---

① 何子星：《畲民问题》，《东方杂志》1933年第30卷第13号，第63页。

图1-9　宁德市蕉城区猴盾村土地庙

(笔者2011年摄于宁德八都猴盾村)

2. 自然神。

畲族还有诸多自然神崇拜,信奉万物有神,如将古树、怪石、生产生活用具等神化,以求庇佑。畲族的自然神崇拜与本民族长期以来形成的耕猎生活有密切关系,对于农事和狩猎方面的神灵尤为崇拜。畲民信仰山神、石头神、树神、河神、水神、风神,生儿育女常请这些神灵庇佑,并给子女冠名以:"石"、"树"等字,如"石贵"、"树发"等,遇有村民患病或自然灾害,也在"石神"、"树神"前焚香跪拜以求禳灾避邪①。畲民自然崇拜的神灵中,五谷神是与农耕生活密切相关的,在从事农业生产活动如播种、插秧、收割之时都要拜祭五谷神。所谓"五谷神"即神农,俗称"五谷先帝",被畲族奉为农业的守护神②。猎神是居住在深山中以耕猎为生的畲族祈求狩猎顺利的神灵,土地神也是畲族信奉的神灵,祈求风调雨顺、五谷丰登。畲族的"土地神"来自道教,即前文提到的福德正神,也属于对土地这一农业生产最大也最重要的生产资料的崇拜。畲族这种广泛的自然神崇拜是由于历史上社会生产力低下,无法驾驭自然力量的迷茫进而对自然产生神秘感和恐惧感,便把各种自然物加以崇拜。现在随着科学技术和生产力的发展,这些自然神崇拜已逐渐削弱,仅保留一些传统的祭祀仪式。

3. 地域性俗神。

俗神又称世俗神,是和民间的群体性崇拜方式相联系的神灵,属于地

---

① 郭志超:《畲族文化述论》,中国社会科学出版社2009年版,第460页。

② 《畲族简史》编写组:《畲族简史》,民族出版社2008年版,第197页。

方性民众祀奉的有集群性风俗的神灵①。畲族散居各地，拥有各具特色的俗神信仰，各地信奉的神灵不尽相同且富有地域特色，多来自神圣化的本族历史传说人物，有的是确有其人，因其生前丰功伟绩被后人祀奉。福建一带信奉的"田都元帅"和"豹子师傅"都是生前忠勇，吻合畲族的民族性格而在殁后奉为神灵。在浙江松阳、丽水、云和、青田一带的畲民还信奉插花娘这一女性神灵，浙南一带很多地方还建有插花娘庙，相传松阳县靖居乡茅弄村畲民女子蓝春花在地主家帮佣，被逼为妾，抵死不从，在松阳丽水交界处的横岚山冈跳崖自尽，姐妹们以山花掩其遗体，后成神称插花娘，畲民建庙祭祀，家有危难时前往祝拜，许以歌舞祭谢，祭谢时必须在深夜，不许异族观看，祭谢时还必须有畲族妇女穿的花边衣、带的头冠（笄）和银项圈、银手镯等饰品②，或许是由于插花娘的本体是年轻爱美的女性形象而使得祭礼也带有鲜明的女性装饰意味。

四　畲族民俗环境

民族的风俗习惯主要指的是一个民族在物质文化、精神文化和家庭婚姻等社会生活各方面的传统，是各族人民历史相沿既久而形成的风尚、习俗。具体反映在各民族的服饰、饮食、起居、婚姻、丧葬、禁忌等方面③。民俗是一种产生并传承于民间的、世代相袭的文化现象，具有鲜明的地域特征。服饰民俗是指人民有关穿戴衣服、鞋帽，佩戴装饰的风俗习惯。同一民族一定地域内会形成与当地历史发展、社会经济生活相适应的一些风俗习惯，这些习惯代代相传，一部分还通过一定的仪式化的形式加以表现，在这些仪式化的场景中，服饰必然要遵从习俗的要求，并相应产生一些约定俗成的衣饰规制和禁忌。生态一词，通常指生物的生活状态，即生物在一定的自然环境下生存和发展的状态，将其和民俗结合，是因为民俗犹如生命体有其发生、发展、衰退和消亡的几种不同状态，需要一定的人文社会环境才能保持生命的活力。民俗生态环境即指由一定的民间习俗和生活方式所构成的服饰民俗的形成与人们居住的自然环境、生产方

① 邱国珍：《浙江畲族史》，杭州出版社2010年版，第211页。
② 《浙江省少数民族志》，方志出版社1999年版，第352页。
③ 施联朱：《少数民族的风俗习惯是怎样形成的》，施联朱《民族识别与民族研究文集》，中央民族大学出版社2009年版，第719页。

式、生活形态、传统观念等有着密切的联系，从而体现出一个区域一个民族的集体智慧①。正如水之于鱼，土之于木，民族服饰是在本民族的民俗生态环境之中世代沉淀，不断完善形成的，服饰习俗本身也属于民俗的一个类别，民俗生态环境从制作、穿着、审美、评价等方面影响着民族服饰，也给民族服饰提供了赖以生存的土壤和展示的舞台。服饰中的很多装饰喜好、穿着习惯正是顺应民俗而产生的，服饰本身也成为民俗生态环境中最为亮丽的一抹重彩。离开了这个环境就失去了滋养的土壤，服饰就成了离水之鱼、无本之木。对于畲族的民俗生态环境，本书着重从与服饰关系较为密切的人生礼仪和节庆民俗进行考察。

（一）人生仪礼

即人的一生中几个重要环节上所经过的具有一定仪式的行为过程，主要包括诞生礼、成年礼、婚姻礼和丧葬礼，是社会民俗事象中的重要组成部分，也是人生不同阶段中，家庭、宗族等社会制度对其的地位规定和角色认可，是将个体生命加以社会化的程序规范和阶段性标志②。

1. 诞生礼。

包含求子、怀孕、分娩和坐月子，每个阶段都有相应的禁忌。受汉族佛教信仰影响，闽浙一带的畲民也有向观音求子的习俗，浙南一带的畲族因为信奉插花娘，有的会向插花娘请愿求子，福建一带则供奉"奶娘"陈靖姑，相传陈靖姑曾经到闾山学法，能降妖伏魔，扶危济难，成为"救产护胎佑民"的女神。由于历史上医疗水平低下，婴儿出生率和存活率都不高，因而女性怀孕和分娩期间的民间禁忌颇多，例如不能看"做功德"，也不能看戏，因祖图花花绿绿，戏服斑斓，怕动胎气。孕产妇分娩、坐月子的习俗与汉族接近，小孩出生后会给小孩制作各式精美的童帽，上面遍布带有吉祥寓意的刺绣以祈求平安。

2. 成年礼。

又叫成丁礼，是成年青年具有进入社会的能力和资格的仪式。畲族旧俗，以年满 16 岁为成年。畲族女子没有成丁礼，男子的成丁礼又称"醮名"，景宁一带称"传师学师"，有一套严格的仪式和制度，意图把族群内成年族人的名字告诉祖先，并把祖先代代相传的处世法则传给后代，所

①　张士闪、耿波：《中国艺术民俗学》，山东人民出版社 2008 年版，第 116 页。
②　邱国珍：《浙江畲族史》，杭州出版社 2010 年版，第 181 页。

以畲族的成丁礼一定意义上还具有祭祖的意义和功能，是一种重要的祭祀仪式。仪式的内容在前文宗教信仰的"醮名祭"中已有详述，此处不再赘述。仪式中传师者和学师者都有一定的仪式服装，其具体形制在后文"宗教祭祀服饰形制"中详细论述。

　　3. 婚姻礼。

　　畲族婚姻习俗是严格的一夫一妻制，历史上实行族内通婚，规定各姓内有若干祖系，同姓者不同支或同姓者隔三代（有的地方是五代）以上亦可通婚，民国后逐渐与汉族通婚。早年时，青年男女通过对歌定情，自许终身，后来受汉文化影响演变为说媒下聘定亲。畲族社会中女性由于历来承担了和男性一样的体力劳动和田间工作，族内社会地位相对较高，男子入赘女方家庭的情况较为多见，但仍以女嫁男方为主，入赘的多为女方无子，男方儿子较多，经济条件较差的家庭。男女双方均为独子的可以做"两家亲"，两家合并一家，子女供养双方父母，继承双方财产。婚礼是人一生中最为重要的时刻之一，也是充分体现民族服饰盛装形制的时刻。畲族古老的婚礼称为"行嫁"，新郎须在婚礼前三天往新娘家迎接新娘，新娘穿草鞋行嫁，穿的草鞋须新娘父母聘请父母双亲的男子代做，草鞋四耳缚一个古铜钱，铜钱在路上随它丢失，最好不带到夫家。清代，畲民分迁各地与汉民杂居，受汉文化影响，由行嫁改为坐轿。花轿的构造多以畲乡盛产的毛竹制造，称靠椅轿，轿棚盖一条蓝布夹被单，轿门挂两盏红灯笼和一块畲民特有的拦腰（即围裙）①。送嫁时要用一只黄牛，角系红布，插上红花在前面"踏路"，家境好的畲民还把踏路的牛作为陪嫁品。婚礼过程各地畲族不尽相同，但哭嫁、送嫁、奉茶、对歌是各地共同的特点。婚礼时新娘装束即为畲族妇女盛装，女子婚前婚后在服装上的变化不大，但从凤冠和发髻上能区分出女子的婚姻状态，很多地方新娘的凤凰冠是在女子出嫁当天始戴。

　　福建霞浦一带在婚礼前还流行"做表姐"、"做亲家伯"的活动。"做表姐"指新娘出嫁前，按照婚礼盛装打扮，穿上最精美的服装到舅舅家做客，为期半个月至三个月。舅家则邀请擅歌的年轻人陪伴准新娘练习对歌，按程序学习、练习对唱邀请歌、小说歌等，以便婚礼时对歌。男方在成亲前两天，请一歌手做"亲家伯"，与媒人一道送"盘担"到女家。当晚，女家设宴招待，举行会歌答唱活动。

---

　　①　《浙江省少数民族志》，方志出版社 1999 年版，第 337 页。

4. 丧葬礼。

畲族的丧葬习俗曾不断变迁，曾流行过树葬、悬棺葬、火葬和土葬，这与畲族长期迁徙所带来的民族间的交融影响有关，也与时代的发展进步有关。畲族葬礼中，做过"醮名"或曰"学师"过的人（女性是做过"西皇母"的）葬礼与一般死者不同，50岁以上病逝者视为寿终正寝，与非正常死亡的人不同。非正常死亡中未成家少年即亡者不能"做功德"，因意外或自杀死亡的人则要举行"拔伤"仪式去除死者身上各种伤，祈祷上界赦其伤罪。死者要穿上专门的寿衣入棺，寿衣要穿单数，上身多，下身少，只穿棉、麻制品，学过师的死者除穿一般寿衣外，还需外穿学师时备的赤衫或乌蓝衫入棺，做过西皇母的女死者则穿西皇母衣服入棺。老人死后子女要戴孝，孝服期为一年，服孝期间男子在所穿衣服后背中心、鞋子前端、帽顶钉一块约3厘米见方白布；女子头发扎白色纱线，戴笄的妇女，笄披、笄须由红色改为绿色，现在男女均改戴黑纱或白纱。服孝期间春节对联用绿色或蓝色纸书写，不得养蚕与对歌①。

（二）节庆习俗②

畲族的传统节庆分两部分，一部分是与汉族相同的节庆，比如春节、元宵、清明、端午、中元、中秋、重阳等，还有一部分是畲族自己的节庆，主要包括二月二会亲节、三月三乌饭节、牛歇节、分龙节、做福等。这些节庆日里，畲族人民盛装出行，举办歌会，访亲探友，或求福祭祖，歇锄免耕，这些民俗节庆给传统服饰盛装提供了穿着的场合感和仪式感，是畲族服饰赖以生存的生态环境。畲族特有的民族性节日有以下几个。

1. 二月二。

农历二月初二为丽水畲民的"土地爷福"，这天要祭土地诸神。同时二月二也是浙闽畲族的"会亲节"。畲族由于族支繁衍，散于浙闽一带的子孙省亲路远，探亲无期，便约定每年春耕前的农历二月初二为"会亲节"，迄今已有200多年历史。节日中人们从四面八方云集而来，访亲探友，以歌抒情，形成歌会，相沿成习，流传至今。

2. 三月三。

农历三月初三是畲民的传统节日，由于习惯在这天采集乌稔叶子泡制

---

① 《浙江省少数民族志》，方志出版社1999年版，第350页。

② 本部分内容来自邱国珍《浙江畲族史》和郭志超《畲族文化述论》相关章节。

乌米饭，缅怀先祖，故也称"乌饭节"。乌饭节的来历有几种不同说法，有相传是始祖盘瓠喜吃此饭，有的认为吃此饭后上山可以避免被蚂蚁咬，还有的说法是以前畲族人民抗击敌人时为防止敌人抢粮而把米饭染成乌黑。喜爱唱歌的畲族人民在三月三乌饭节时也召开歌会，盛装打扮，以歌会友。

3. 牛歇节。

畲民与牛有特别深的情感，牛作为农耕时的重要生产资料在畲民家中占有重要地位。四月初八是畲族的"牛歇节"，相传这一天是牛的生日，这天不鞭打牛也不让牛干活，清早就把牛赶到山上去吃草，梳洗牛身，做牛栏的卫生，还以泥鳅、鸡蛋泡酒，或用米粥、薯米粥等精饲料喂牛，村里有牛王庙的则在这一天供祭。

4. 分龙节。

又称"封龙节"，曾盛行于闽东和浙南部分地区，每年农历夏至后第一个辰日举行。相传夏至后逢辰日，是天帝派风、雨、雷、电四位龙王到畲山就位的日子，因为"龙过山"可能会发生雷雨冰雹，损坏庄稼，祸及人畜，畲族便在此日"分龙"，好让龙王平和肃静就位，以祈风调雨顺、五谷丰登。这天禁止动用铁器和粪桶等，歇锄免耕。

5. 尝新节。

在闽东畲族地区，七八月水稻开镰后即过"尝新节"。开镰收割必选吉日，把头一趟收割下的稻谷碾成米，煮成白米饭，供祭地方神、祖公神和灶神。祭毕，也请亲邻一起品尝新米饭。饭后还要盛一碗米饭留在桌上，称"剩仓"。

6. 做福。

即祈福，又称"合福"、"吃福"，是中国东南汉族的习俗，畲族做福的习俗应该是来自客家。闽东畲族做福，具有鲜明的民族特色，一年四季，春夏秋冬，都要做祈福法事，期盼农作顺利，五谷丰登。正月初一至初四为"开正福"，二月初二为"春福"，立夏日为"夏福"，端午节前后（或五月三十日）为"保苗福"，白露日为"白露福"，冬至为"冬福"，十二月二十四日为"完满福"，也称"大年福"。浙南畲族也有做福的民俗，侧重二月初二做福，其他季节的福事较忽视，甚至有所省略。

这些民族传统习俗共同构成了浙闽地区畲族传统服饰的民俗生态环境，对畲族服饰文化的形成和发展产生了深远的影响。

第二章

浙闽地区的畲族服饰形制

　　浙江、福建一带的畲族虽属同族，祖先崇拜、民族信仰、民风民俗上的一脉相承使得服饰上具有一定的共性，但是各地服饰所表现出来的差异性也是显而易见的。总体说来，浙闽地区的畲族服饰可以分为基本服饰和仪礼祭祀服饰两大类。基本服饰是指畲民男女日常生活中的装束及服饰品，仪礼祭祀服饰则主要包括婚礼、葬礼这两大重要的人生仪礼中畲民的服饰传统，以及畲族群众在一些祖先祭祀和民间俗神活动中从事特定祭祀活动的巫师所穿着的服饰。

　　据 1934 年拍摄的丽水地区畲民赶场图片（见图 2 - 1）和民国时期所摄的丽水集市上的畲民妇女形象（见图 2 - 2、图 2 - 3）来看，男子服饰

图 2 - 1　浙江丽水长岗背畲民碧湖赶场景象

（勇士衡摄，"中研院"历史语言研究所藏①）

多为大襟短上衣，阔脚裤，头戴斗笠，腰扎布带的形象，与汉族无异；而女子服饰仍保留有民族特色，尤其是璎珞裹布的头饰极有特色。畲族女子

---

　　①　拍摄地今属浙江省丽水市城关镇，拍摄时间为 1934 年 6 月，拍摄者：勇士衡，影像版权所有者为"中研院"历史语言研究所，下同。

服饰在服装组成部件上都是由上衣、下装、拦腰这三个主体部分构成，上衣大襟，下装为裙或裤装，小腿处有绑腿以便山间行走及劳作。旧时服装受门幅所限前中心均有破缝，近现代新制服装则不受此限。

　　本章的内容主要是建立在田野调查和史料查证的基础上，除了对调查中收集到的服饰资料图片及服饰遗存图片进行测量和平面图还原绘制，力求通过文字和图片再现服饰形制、图案、装饰细节等方面的真实面貌，下面笔者将根据文献资料及实地调查获得的照片和实物还原图对浙闽两地畲族的服饰形制进行分类详述。

图 2－2　集市上的丽水畲民

（民国，任美锷摄）

图 2－3　畲民蓝陈贤一家

（景宁畲族博物馆展示，勇士衡摄，"中研院"历史语言研究所藏）

第一节　基本服饰形制

范晔《后汉书》记载盘瓠死后，他的后代"织绩木皮，染以草实"，形成"好五色衣服，制裁皆有尾形"，"衣裳斑斓"① 的习俗，由于畲民历史上历经迁徙，且多与汉民杂居，男子日常服饰上受汉族服饰影响较深，只有女子服饰还保留着民族服饰的传统，畲族女子称自己这种五色斑斓的服饰为凤凰装，相传为始祖盘瓠之妻三公主出嫁之时帝后娘娘所赐，三公主的女儿出嫁之时，凤凰从祖地凤凰山衔来这件精美的嫁衣，后来畲族女子出嫁之时都穿上这种五彩凤凰装。

由于畲族没有自己的文字和历史记载，对于历史上畲民的服饰只能从各地方志和笔记小说中探寻一二。明清时期各地方志中对畲族服饰的描述基本相同：《景宁县志》记载畲族男女"无寒暑，皆衣麻，男单袷不完，勿衣勿裳；女短裙蔽膝，勿裤勿袜……跣足椎髻，断竹为冠，裹以布，布斑斑，饰以珠，珠累累（皆五色椒珠）"②，《永春县志》曰："女子无裤，通无鞋履"③。清乾隆年间官修《皇清职贡图》中对福建畲民罗源的服饰描述为"男椎髻短衣，荷笠携锄，妇挽髻蒙以花布，间有戴小冠者，贯绿石如数珠垂两鬓间，围裙著履，其服色多以青蓝布"，并称古田畲民乃罗源畲民的一种，"竹笠草履……妇以蓝布裹发，或戴冠状如狗头，短衣布带，裙不蔽膝，常荷锄跣足而行以助力作"④。根据书中对罗源和古田畲族男女服饰的记载（见图2-4），头戴斗笠、肩负锄头以及男女跣足均显示了其农耕生活特征和当地妇女不裹脚的习俗。可能是由于表现的是劳作状态，故图中女子是"挽髻蒙以花布"而非佩戴珠冠的形象。《徭民纪略》中记录的畲族服饰为："男子不巾不帽，短衫阔袖，椎髻跣足……妇人不筓饰，结草珠，若璎珞蒙髻上"。

由这些历史资料记载可知，畲族的传统服饰自成体系，从最初的椎髻跣足，衣尚青蓝，到清末民初后男子服饰逐渐与汉族相同，唯女子装束仍

---

① 《后汉书》卷86《南蛮传》，中华书局1965年版，第2829页。
② 同治《景宁县志》卷12《风土·附畲民》。
③ 万历《永春县志》卷3《风俗》。
④ （清）傅恒等：《皇清职贡图》卷3，辽沈书社1991年影印本，第259—260页、第263页。

图 2－4　清乾隆罗源男女畲民、古田男女畲民服饰

（摘自《皇清职贡图》）

袭旧制，戴珠冠，上身穿大襟花边衫，下着阔脚长裤，腰系素色围裙，仍保留着极具民族特色的衣装及头饰。

　　畲民不论男女，服装均喜用麻，服色尚青蓝。明清以来畲民亦以擅"种菁"制靛闻名，因制出的蓝靛品质极佳而被称为"菁客"；且畲村"家家种苎，户户织布"，有的畲村因此成为"苎寮"。浙闽之地的畲族妇女都会织麻布，她们用自己种出来的苎麻捻纱织布，并用自产的蓝靛漂染，所以青蓝色苎麻成为畲民最常见的服用材料。畲民这种自织自染的习惯一直延续到 20 世纪 60 年代。1958 年福建福安县畲族调查资料①显示：妇女在芒种时开始种麻，一年可以收成 3 次（4 月、7 月、9 月）。一般是种下第一年没有收成，第二年收成很少，第三年才有好收成。麻收割后，打掉叶子，去皮，浸入水桶内，再刮掉第二层麻皮，置于阳光下晒干后，把它揉成线，然后加以纺织。一名妇女一天只能织宽 2 尺许、长 1 丈 5 尺的麻布。平均每户每年只有 1 斤麻线，可以制 2 件上衣和 1 条裤子。直至60 年代，景宁畲村里还有穿着自织自染的青蓝色大襟上衣的，但 80 年代后逐渐减少乃至消失，服装多购买成衣或请裁缝制作。2009 年田野调查中所至景宁黄山头村雷家尚有自己织的麻布拦腰和麻线一捆。浙闽两地的畲族服饰男装差异不大，基本与汉族相同，现代民俗活动和表演中的畲族男装多为镶有花边的对襟衫，女装因地域差异存在一定的形制外观差异，以浙南、闽东一带的服饰最具典型性和代表性，是最富民族特征的装扮。

_____

　　①　施联朱：《福建福安县甘棠乡山岭联社畲族调查》，《民族识别与民族研究文集》，中央民族大学出版社 2009 年版，第 383—384 页。

值得一提的是，由于传统窄门幅的限制以及畲汉服饰文化交融的影响，传统畲族服装的裁剪结构为"十字型平面结构"，即以肩线为中线前后片连裁，通过在衣片前后中心线与两边袖口处拼接弥补布幅宽度的不足。下面对浙闽两地畲族传统男装、女装、冠髻、鞋帽和其他服饰品分类进行详细阐述和分析，由于本书着重于款式外观的分析比较，故采取平面款式图并加尺寸标注进行分析，而非裁剪结构图。

一　畲汉交融的男装

畲族衣尚青、蓝色，着自织麻布，男子向来不巾不帽，以苎麻布和棉布缝制成蓝黑或蓝色服装，日常多着短衫便于劳作，衣衫有对襟和大襟两种。清代以来畲族男子日常服饰逐渐与汉族相同，平民为大襟无领青色麻布短衫（见图2-5），下着长裤，冬天穿没有裤腰的棉套裤。同治年间

图2-5　民国时期着无领大襟衫的
畲族青年男子
（摘自何子星《畲民问题》）

《汀州府志》记载畲民男子"不巾不帽，短衫阔袖，椎髻跣足"[1]，至民国年间则男子衣帽、发辫如乡人[2]。地位较高者着长衫带帽，衣饰与汉族人相同。（见图2-6）"中研院"历史语言研究所收藏老照片（见图2-7）

---

① 同治《汀州府志》卷45《丛谈附》。
② 民国《长汀县志》卷35《杂录畲客》。

显示：民国时期丽水地区畲民家境较好的男子着长衫马褂，青年男子着西式衬衫长裤，与当时社会的主流着装风格一致。传统畲族男子服装冬季为大襟衣衫，开襟处镶有月白色或红色花边，下摆开衩处绣有云头；夏季为大襟短衫，衫长过膝，圆珠铜扣，衣领、袖口有镶边①。清末民初时浙江畲民男子"布衣短褐，色尚蓝，质极粗厚，仅夏季穿苎而已"②。后随着社会经济的发展，以及西式服装风貌对汉族服饰的影响，畲民与汉族男子一样，富裕家庭中年长者穿长袍，年轻人受现代装束和风气影响逐渐开始穿裁剪合体的西式衬衫长裤，近现代以后穿衬衫西裤。

图 2-6   民国时期着长衫的畲族男子
（勇士衡摄，"中研院"历史语言研究所藏）

下图（见图 2-8）所示为景宁畲族博物馆所展示的在集市上卖菜的畲族男子传统装束：大襟或对襟单衫，门襟用蓝白布镶边，一字盘扣，袖口缝边，腰间系带，前身片左右装有贴兜便于存放钱物，现代节庆和民俗活动中的畲族男子所穿民族服饰即来源于这种对襟短衫式样，但把镶边改为贴花边。图 2-9 所示为罗源县博物馆陈列的对襟短衫实物，服装款式

① 《浙江省少数民族志》，方志出版社 1999 年版，第 326 页。
② 沈作乾：《括苍畲民调查记》，《北京大学研究年国学月刊》1925 年第 4 期。

图 2 - 7 畲民蓝成法一家

（景宁畲族博物馆展示，勇士衡摄，"中研院"历史语言研究所藏）

与汉族传统男子短衫相同。

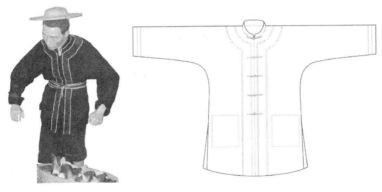

图 2 - 8 畲族传统男子服装及平面款式图

（笔者 2012 年摄于景宁畲族博物馆并根据实物绘制）

　　旧时畲族男子结婚时穿长衫，长衫的衣襟和胸前绣有龙形图案花纹，四周镶红、白花边，开衩处绣有白云图案，头戴青、蓝色或红色方巾帽，有的地方戴红顶黑缎官帽，帽檐镶有花边，帽后垂着两条尺余长的彩色丝带，脚穿黑色布靴（鞋）。婚礼时戴黑缎官帽，俗称"红缨帽"或"红包帽"。帽檐宽且外敞，顶缀直径约二厘米的铜质圆球或红布球，并系以红缨穗。民国以来，渐改用圆檐礼帽（见图 2 - 10）。近现代以来，畲族婚礼分传统婚礼和西式婚礼两种，传统婚礼中新郎穿着现代新制作的对襟贴花边男装，西式婚礼中则穿着西装。

图 2 - 9　畲族男子对襟短衫（左）和男子青色长衫（右）

（笔者 2011 年摄于罗源县博物馆）

图 2 - 10　畲族男子结婚帽子

（笔者 2011 年摄于罗源县博物馆）

二　形制各异的女装

畲族最具民族特色和代表性的当数女子服饰，畲族女子平日常服与婚礼服一致。各类史料记载中对于畲族女装的记录言之寥寥，近代以后，随着民族学研究在我国兴起，一些学者采取民族学田野调查的方法深入实地进行考察，对畲民地区的生活风俗进行了较为详尽的描述和记录，里面包含了对畲族女子服饰的详细记录。

历史资料中对于畲女戴璎珞状头饰，服色尚青蓝色的装束描述比较一致。很多资料里均提到畲族女子历史上不穿裤而穿裙，例如明万历《永春县志》中记载畲族"女子无裤"①，《浙江景宁敕木山畲民调查记》中提到："许多妇女不穿裤子，只穿一条朴素的裙子，或者说的更确切些，一条宽大的下垂过膝的裙子"②。"畲妇皆服青衣，结处不用纽而用带，袖约五六寸，长约三尺，均著裙，近始有著袴者。素无缠足之习，家居悉穿草履或木屐（与日本同式），必往其戚属庆吊时始用布鞋，鞋端必绣红花并垂短穗，其自膝以下蓝布匝绕，则男女皆然也"③。1924 年，沈作乾记录浙江括苍畲族女子上衣为："衣长过膝，色或蓝或青，缘则以白色或月白色为之，间亦可用红色，仅未嫁或新出阁之少妇尚之。腰围蓝布带，亦有丝质者，裤甚大，无裙"④。可以推测，历史上畲族女性是穿裙子的，至民国前后开始穿裤子，同时也保留穿裙的习惯，两者并存。畲族女子衣料以麻布自织，右衽的衣服领口和大襟边缘多镶有花边装饰，中青年女性服装的花边多一些、宽一些，老年妇女的花边层数少且较窄，颜色较青年女性的更为素净。畲族女子结婚专用的裙子称大裙，有筒式和围式两种，皆黑色、素面、四褶，长过脚背，故又称长裙。婚礼时，系于衣内，同时系束宽大的绸布腰带，或系佩蓝色绸花，今多改穿红色长裙⑤。

由于近代以来的一些畲民调查记的地点多集中在浙南一带的景宁、丽水地区，所以民国时期浙南畲民服饰记录较多，而福建一带关于服饰的详细记录较少。而在笔者所做的田野调查中却发现，福建的畲族服饰样式分支较多，尤以闽东一带为甚。就现代浙闽一带畲族服饰来看，浙江一带的畲族女子服饰着装形象比较统一，以景宁地区的式样为代表可以概括为：头戴珠饰缀挂式凤冠，上衣为右衽圆领镶花边大襟衫，下装多为长裤或短裙，中间系有拦腰。浙江境内其余畲族聚居区如桐庐莪山、温州等地服饰均为此式样。福建地区的畲族分布面较广，各地畲族服饰形制略有差异，

① 万历《永春县志》卷 3《风俗》。

② ［德］史图博、李化民：《浙江景宁敕木山畲民调查记》，转引自《景宁畲族自治县地名志》，国营遂昌印刷厂 1990 年版，第 334 页。

③ 民国《龙游县志》卷 2《地理考·风俗》。

④ 沈作乾：《括苍畲民调查记》，《北京大学研究年国学月刊》1925 年第 4 期。

⑤ 《霞浦县志》，方志出版社 1999 年版，第 963—965 页。

平时不戴凤冠，喜欢将头发梳成螺式或筒式发髻盘在头上，以红色绒线缠绕环束，着蓝黑色衣服，边缘多以红色镶滚或绣花装饰，总体服饰形象可概括为：以绒绳和真假发混合缠绕形成凤凰髻，身着右衽大襟衫，下着裙或裤，中间在腰部系拦腰（即围裙）。

　　不论浙江还是福建，拦腰是畲族妇女服饰中不可或缺的部分，福建畲族多称之为"合手巾"，一些文献中也称之为围裙，如史图博的调查记内这样描述："……在这条裙子上面，还围着一条兰（蓝）色的麻布小围裙"①。不论哪个地方的畲族女装，可能在领口、大襟的样式上有些许变化，但在腰间均系有拦腰。畲族拦腰多为黑色麻质材质，大小与围裙相仿，但更为小巧细致，上面的装饰因地域不同而有差异，腰头两端通过畲族女子自织的彩带固定，彩带上有畲族特有的几何形文字状图案。因为拦腰的存在，使得畲族女子上衣的腰部以下几乎没有任何装饰，所有的装饰手段都集中在领袖及胸口大襟处。时至今日，当大多数畲族妇女用轻便的现代装取代了烦琐复杂的民族服饰时，饰有彩带的拦腰被保留下来，还有部分畲族妇女在日常生活中穿戴。

　　畲族妇女结婚服装与日常装相似，一些地区也随汉族习俗有蒙红盖头的传统，但头饰佩戴上存在差异（头饰的差异在冠髻部分详细论述），景宁地区新娘装喜用红色取代平时的蓝黑色面料，福建各地新娘则着日常民族服饰。笔者将浙闽两地畲族女子服饰分为景宁、福安、罗源、霞浦和福鼎五种式样（见图 2 - 11），这五式服饰目前穿着人数最多、覆盖地域最广，具有一定的典型性，下面将结合田野调查中所记录的服饰和文字及图片资料就这五种式样分别展开分析和讨论。②

　　（一）景宁式

　　清末民初时期，畲族女性服装"阔领小袖"③，景宁畲族服饰仍固守衣尚青蓝的传统，女子身着极富民族特色的花边衫（畲族称之为"兰观衫"），腰间拦腰以自织彩带扎系。据 1922 年《浙江温州、处州间土畲客

　　① ［德］史图博、李化民：《浙江景宁敕木山畲民调查记》，转引自《景宁畲族自治县地名志》，国营遂昌印刷厂 1990 年版，第 334 页。

　　② 畲族服装受汉族影响，采取十字结构裁剪法，但由于所见藏品年代前后差距较大，结构不一，本书仅对服饰外形尺寸进行描述，所标注的服装尺寸均为田野调查中所见实物测量所得，并不代表服装裁剪结构图。

　　③ （清）浮云：《畲客风俗》，广陵书社 2003 年影印本，第 1—56 页。

景宁式　　　福安式　　　罗源式　　　霞浦式　　　福鼎式

图2－11　浙闽几种主要畲族日常服饰式样
（霞浦式和福鼎式来自当地宣传资料，其余为笔者拍摄整理）

述略》记载："畲妇素不著裤，惟系青裙，今则惟景宁畲妇仍其故习……
其衣用带不用纽，腰间围以二三寸赭色土丝织成之花带"[①]，以及前文提
到的沈作乾在1925年描述的括苍（今属丽水）一带畲族妇女身着青蓝色
镶月牙白边的上衣，腰围蓝布带的装束，可见浙南地区传统畲族女子服饰
形制为上衣下裙，腰系拦腰，劳作时下裹绑腿。何子星《畲民问题》一
文中所附照片展示了20世纪30年代丽水一带的畲族女子形象（见图2－
12），这种装扮一直延续至新中国成立初期。根据蓝延兰家所藏20世纪
50年代所摄照片显示当时畲族老年妇女仍维持这种装饰，青年女子则已
改穿现代服饰（见图2－13）。通过走访当地畲民得知，目前景宁地区的
畲族服饰一般为蓝黑色，女子服饰仍保留有浓重的民族特色，为上衣下装
中拦腰的形制。

　　2009年在景宁的田野调查中，根据鹤溪镇东弄村彩带传人蓝延兰
（时年42岁）回忆其母年轻时的服饰上衣样式与传统汉族圆领大襟服装
相似，为右衽立领大襟衣，长及臀部，领口及袖口有较宽的彩色镶拼饰
边。边饰多用自织彩带镶拼或绣花等工艺手段形成独特的装饰图案，一般
有4—5条花边，畲民思想中五条代表五谷丰登，是吉祥的含义。底摆一
般无饰边，上衣纽扣多使用传统一字扣，简单朴实，下着筒裙，有长裙和

---

　　① 胡先骕：《浙江温州处州间土民畲客述略》，转引自张大为等编《胡先骕文存》（上），江
西高校出版社1995年版，第91—98页。

图 2 – 12　20 世纪 30 年代丽水畲族妇女
（摘自何子星《畲民问题》）

短裙两种类别，一般日常穿短裙，长裙是结婚或入殓时穿，裙长及小腿肚
到脚面，下有绑腿，以布带或自织彩带作为系带固定。绑腿长度自膝盖至
脚踝。根据蓝延兰的描述笔者绘制了景宁畲族女子服饰线描图（见图 2 –
14）。这些描述除了在衣领的形制上存在差异外（一说有领，一说无领，
根据历史图像资料和笔者在浙江、福建畲村的走访来看，畲族妇女上衣为
窄小的立领，且穿着时习惯不系扣，可能作者当时在描述时将此误认为无
领上衣），与民国时期德国学者史图博和李化民所著《浙江景宁敕木山畲
民调查记》中"老式裁剪的上衣，没有领子，领圈和袖口上镶着阔
边……只穿一条朴素的裙子……围着蓝色的麻布小围裙"①的记载如出一
辙。清代以前，"兰观衫"的花边为刺绣，民国时期随着纺织工业发展及
花边的出现，逐步改为贴花边。青年的花边大多青色布，胸前右前襟、领

---

① ［德］史图博、李化民：《浙江景宁敕木山畲民调查记》，转引自《景宁畲族自治县地名
志》，国营遂昌印刷厂 1990 年版，第 334 页。

图 2 - 13　50 年代景宁畲族妇女

（笔者 2009 年翻拍自景宁蓝延兰家）

圈镶四色不同的花边，称"通盘领"兰观衫，袖口镶花边，裤脚用针绣鼠牙花纹；中老年妇女的花边较为简单，花边只用单色或双色[①]。

　　笔者 2012 年在景宁畲族博物馆内所见的景宁畲族传统花边衫，服装基本式样与汉族大襟衫相仿，材质为青蓝色麻布，领口及领圈有浅豆绿色绳边，右衽大襟，两侧开衩。领部至胸口大襟处的镶边是其特色，镶边较宽，且自右向左呈直角状跨越服装大身前中缝。服装从左侧锁骨位置一直延续到右边肋下侧缝为连贯的镶边装饰带，从衣襟边缘往外依次为宝蓝、大红、豆绿、紫红、土黄、天蓝色镶边，豆绿色最宽，上面饰有红色盘长

---

① 《浙江省少数民族志》，方志出版社 1999 年版，第 326 页。

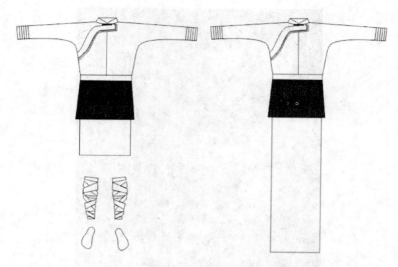

图 2 - 14　景宁畲族女装款式搭配示意图
（笔者根据蓝延兰口述绘图）

中国结，最外侧贴白色花边，两边袖口有极细的蓝色镶边与衣襟边缘呼应。整个衣服通袖长 112 厘米，衣长约 70 厘米，领深 8.5 厘米，领座高约 3 厘米，色调素雅，工艺精细，整体较为窄小贴身，应为中年妇女日常服饰（见图2 - 15）。

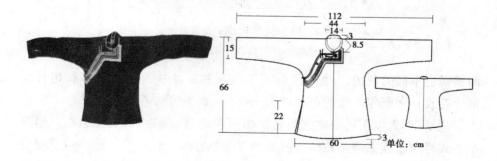

图 2 - 15　景宁畲族女子上衣及平面款式图
（笔者 2012 年摄于景宁畲族博物馆并根据实物绘图）

　　2009 年笔者赴浙南景宁畲族自治县田野考察期间，据景宁东弄村畲族的雷奶奶所述，20 世纪 60 年代前后，当地畲民女子还保持着靛蓝土布材质，自纺自织自染的大襟衣，日常服无花边，服装材质为冬棉布，夏麻布。近代畲族妇女多着长裤或短裙，自 20 世纪 60 年代始，裤子成为畲族女子常服中主要的下装，裤子多为蓝黑色素色裤面的阔脚裤，白色土布腰头，裆长一尺（见图2－16）。现在民俗节庆或表演中，男女都穿宽裤脚

图2－16　景宁畲族裤子
（笔者根据口述绘图）

直筒便裤，女裤脚镶花边，女装也有穿短裙的。拦腰是畲族女性服饰中必不可少的附件，景宁地区的拦腰多为蓝黑色素面麻布制成，长一尺至一尺五寸（33—50厘米），宽一尺五寸至二尺（50—66厘米），镶大红腰头，宽约5厘米，两端以自织彩带为系带，盛装时也有在边缘绣花、贴边的。下图是笔者在景宁县黄山头村调查时所摄拦腰及麻绳原料，拦腰为畲民自己新制作的，裙面麻质硬挺，较新，腰头两侧为自己织的彩带（见图2－17）。

图2－17　景宁拦腰与麻绳
（笔者2009年摄于黄山头村）

（二）福安式

主要分布在福建福安、宁德地区，女装上衣为蓝黑色麻布或棉布（田

野调查中所见的老式上衣均为麻布所制，黑色细棉布的多为20世纪50年代至70年代制作），窄衣小袖，右衽圆领大襟衫，领座低矮领口及胸部前襟为一字扣，纽为银质扁扣（领口一粒，前襟并置两粒），肋下侧缝处用系带而不用纽扣，带为红色。后片大身略长于前片（调查中所测量的福安式上衣中，后片较前片长3—7厘米），花纹比较简单，衣身较为朴素，只在衣领（高2—2.5厘米）上绣有水红、黄、大绿等色的马牙花纹，大襟沿服斗的边缘缝一条布边装饰，布边较窄，为1—3厘米，以红色为主，精致一些的则在红布外再以绲、嵌的形式叠加多层彩色布边，袖口亦有相同的布边装饰。大襟肋下处有一块三角形（实为四角形，形状为三角形去其一角）红布装饰，讲究的则在红布上绣以凤鸟花卉图案装饰，外侧转角边缘绣以二方连续花草图案或马牙纹为饰。相传这一块不规则的边角是高辛帝敕赐时所盖金印的一角。福安式领口低窄，青年妇女所穿的服斗绣花偏宽，领口多为花领，绣工特别精细，多作为盛装、礼服。黑底红边金印角为福安式上衣的固有特征，无论其他装饰如何变化这一特征始终不变。

图2－18所示为福建宁德上金贝村民间收藏家阮晓东所藏福安老式上

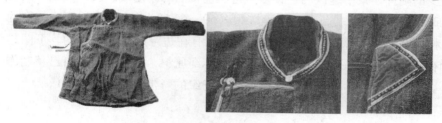

图2－18   福安蓝黑麻布几何绣花女上衣整体及局部图
（阮晓东藏，笔者2011年摄于宁德上金贝村）

衣，衣身为黑色麻布，领圈红白棉布绲细边并彩绣马牙纹，服斗大襟边红色棉布包边，为直角襟，袖口8.5厘米处有接缝，可能是由于布幅面不够而进行的拼接。袖口无花边，袖口和开衩内侧红色棉布贴边。服斗处红边外依次为白、黄、白、红、白的极细镶边，服斗处三角印边缘和领部一样为彩绣几何缘饰，装饰朴素简单，应为老年妇女所穿日常服。衣服衣长67厘米，前胸宽43厘米，底摆宽53厘米，通袖长127厘米，袖口较窄，仅11.5厘米，两侧开衩高22厘米，领座后中心高2.5厘米，领口处约为2厘米，领宽15厘米，前领深8厘米，后片比前片长约3厘米，两侧起翘3厘米，大襟处镶边宽1厘米（见图2－19，以上尺寸均为平铺测量，下同）。红色一字扣，纽扣为银质，扣面刻阳文"福"字字样，领口一粒扣，服斗大襟上端两粒扣，整件衣服黑底红边，小领窄袖，简单朴素。

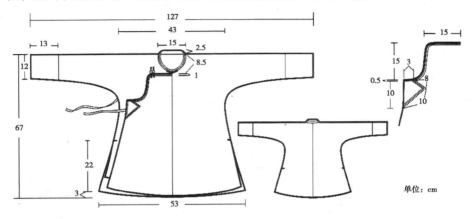

图 2－19　福安蓝黑麻布几何绣花女上衣平面款式图及门襟尺寸图
（笔者根据实物测量绘制）

图 2－20 所示为阮晓东所藏另一件福安式黑色棉布绣凤鸟纹女上衣，

图 2－20　福安黑色棉布绣凤纹女上衣整体及局部图
（阮晓东藏，笔者 2011 年摄于宁德上金贝村）

年代较前一件更新，而且绣花装饰也更精美，黑色棉布大身配红色镶边，通袖长 127 厘米，衣长 70 厘米，胸宽 53 厘米，底摆宽 56.5 厘米，袖口宽 13 厘米，后片大身略长于前片，前后片相差 3 厘米（见图 2－21）。一字扣，扣位与前一件相同，腋下红色系带。开衩高 22 厘米，开衩内层红色棉布贴边。领口和大襟的绣花较前一件更为繁复精致，除了马牙几何纹外领底座和三角印外援有一条卷草花卉二房连续纹样，三脚印内彩绣凤凰图案，大襟镶边颜色依次为：大红、水绿、大红、浅黄、玫红，每一层之间用白色线镶绳分割，整体风格沉稳、精致、秀美。

根据所见其他福安式上衣，基本制式相同，喜欢在黑色服装本料上用

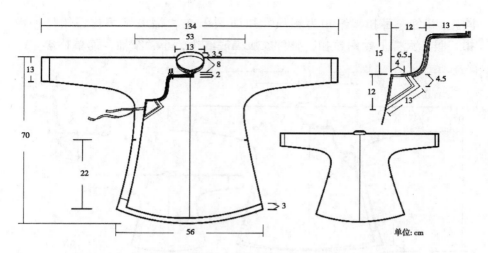

图2-21　福安黑色棉布绣凤纹女上衣平面款式图及门襟尺寸图
（笔者根据实物测量绘制）

红色镶边或装饰，绣花图案也以红色基调为主，不同的服装在领口的绣花图案和服斗三角印处绣花有所不同，但领口都是几何形图案，三角印处除了凤鸟纹外，牡丹、莲花等花卉纹样也较为常见，图2-22所示为凤鸟纹绣花与另一件福安式服装上的牡丹绣花图案。

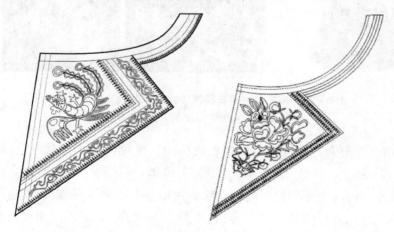

图2-22　福安式女上衣胸前三角印处绣花装饰图
（笔者根据实物绘制）

作为畲族女性服饰整体形象中必不可少的配件，福安式拦腰裙面为蓝黑色棉麻，腰头及左右镶边为红色，腰头两端系彩带固定，彩带比景宁的略宽，裙面装饰比景宁式拦腰略精致，在景宁式黑底长方形裙面、大红色棉布腰头的基础上，在裙面上端左右各绣一对称的花篮图案。福安式拦腰裙面上绣花的装饰位置固定在左右上方，图案多为盆花（花篮），两个侧边有多层彩色布条镶边，从外至内一般为大红、浅黄、水绿、玫红，和领口及大襟的镶边一样，每彩色条边中间均以白色间隔，宽度约为1厘米（见图2-23）。

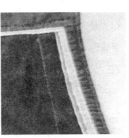

图 2 - 23　福安式拦腰及镶边细节图

（阮晓东藏，笔者 2011 年摄于宁德上金贝村）

（三）霞浦式

霞浦式又称福宁西路装，流行于霞浦县西、南、中部和东部畲村以及福安东部地区。服装基本式样与福安式相仿，也是圆领大襟式，有服斗和系带，其特点在于前后片长度完全相同，可两面穿，逢年过节或外出做客穿正面，平日在家或外出劳动穿反面。所以为了翻穿方便，霞浦式上衣的大襟、小襟的尺寸前后一样，小襟上也连做一个服斗。前襟绣花较福安式更为繁复精致，与福安式领部简单的几何纹卷草纹不同，霞浦式领座绣花复杂，一般有牡丹、莲花，还有双龙抢珠纹样，用色绚丽多彩。前襟服斗为两层 4—5 厘米宽的带状绣花装饰，常见图案有凤凰、牡丹、鹿竹、梅花、梅鹊、蟠桃等，颜色有大红、桃红、玫红、绿、水绿、宝蓝、白、黄等几种，有的还配有金线，增添艳色。肋下同样不用纽，大襟绣花图案的底部有系带与侧缝处相连，系带为蓝色。

服斗的刺绣集中在上角，左右侧均延伸至中线，右侧至大襟边缘，斜长 3 厘米，以红色为主。习惯以衣襟绣花所绣组数，分称"一红衣"、"二红衣"、"三红衣"，"红"代表花边的组数，"一红"即为一道花边，"二红"为两道花边，"三红"为三道花边，每道花边平行，宽寸许；或按领口绣花，分成"花领"、"一行领"、"二行领"、"三行领"。胸口所绣花纹越多越珍贵，一般来说，老人平常穿"一红衣"，劳动、上街穿"二红衣"，节庆、做客时或富裕家庭才穿"三红衣"。最宽的"三红衣"三组花样并列 10 厘米以上，领口多为花领，绣工特别精细，多作为盛装、礼服。老妇和少女所穿的则偏窄，多只绣一条 1 厘米左右的小花边，反面服斗及领口都没有绣花，只在袖口、两侧衣衩内缘添条、套肩、系带和相应部镶蓝色布条。

笔者在霞浦县半月里村进行田野调查时，雷其松家藏有一件"二红衣"，领口及大襟服斗为红色基调的花卉凤鸟图案绣花，大襟和侧缝以蓝色系带固定，通袖长 140 厘米，衣长 75 厘米，袖口较窄为 13 厘米，两侧开衩高 22 厘米（见图 2 - 24、图 2 - 25）。

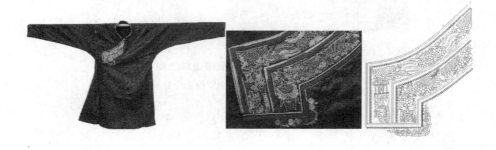

图 2 - 24　霞浦"二红衣"整体及局部细节
（雷其松藏，笔者 2011 年摄于霞浦县半月里村并根据实物绘制）

霞浦式拦腰和福安式相仿，但腰头和两侧镶边为蓝色棉布，两侧有带衽以供系扎彩带。较景宁式和福安式拦腰平整的裙面不同，霞浦式拦腰在裙面上方左右两侧打褶，褶裥上端为彩绣团花，花型较福安式更为紧凑密实。褶裥使裙面产生一定的松量和起伏。一些精致的拦腰还沿着左右侧边和上侧边缘有带状绣花装饰，更精致的则有 2 层绣花带，绣花繁复而精致，图案以凤鸟、花卉为主，也有暗八仙、人物故事等题材。这种有精致绣花带的裙面左右及上侧边缘以层叠彩色绲边装饰作为分隔装饰。图 2 - 26 所示为雷其松家所藏的拦腰，左图为普通式样，黑色棉布裙面镶蓝色腰头及侧边，中图和右图为一层绣花边饰及双凤花篮图案的拦腰，腰头长 37 厘米，高 10 厘米，两侧有带衽，裙面高 36 厘米。图 2 - 27 所示为两层绣花边饰的拦腰，外层为人物故事图案，内层为鹿竹、蝙蝠等吉祥寓意图

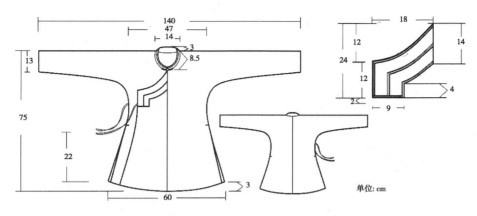

图 2-25　霞浦"二红衣"平面款式图及门襟尺寸图

（笔者根据实物绘制）

案，腰头长 36 厘米，高 9 厘米，裙面高 36 厘米，镶绲牙口边，工艺精细，以不同颜色的镶绲构成线状装饰边缘，绣工精湛，应为当地女子盛装时穿着的拦腰。

图 2-26　霞浦普通拦腰、一层绣花拦腰及平面款式图

（雷其松藏，笔者 2011 年摄于霞浦并根据实物绘制）

　　雷其松家还藏有一件当地流传下来的婚前民俗"做表姐"时所穿的马甲，是待嫁新娘被母舅接去家中做客所穿，绣制颇为精致（见图 2-28），黑色棉布立领对襟五粒扣式样，侧缝不缝合，仅在左右肋下侧缝以 2 寸见方的绣花布片连接，有点像北方汉族的褡裢。前中心对襟处有两块方形绣花，五粒扣并非均匀分布而是领口一粒，余下四粒紧贴方形绣花的上下边缘。领部绣有牡丹卷草纹样，以后领中为中心左右对称，门襟、胸口处绣花图案造型左右对称，用色一红一紫，为凤凰展翅图案；胸下处左片为鹿竹，右片为喜鹊蜡梅图案，左右肋下连接处绣的是四方形花卉适合

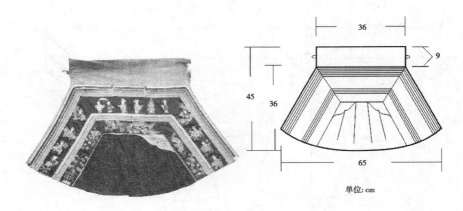

单位: cm

图 2 - 27   霞浦式两层绣花边饰拦腰及平面款式图
（雷其松藏，笔者 2011 年摄于霞浦并根据实物绘制）

图 2 - 28   霞浦"做表姐"马甲
（雷其松藏，笔者 2011 年摄于霞浦）

纹样，虽非对称，但在构图、造型和用色上较为均衡。整件马甲胸宽 47 厘米，衣长 80 厘米，底摆宽 68 厘米，肩宽 40 厘米，领座高 3 厘米，袖笼深 26 厘米（见图 2 - 29）。

（四）罗源式

有些地方称为罗连式，流行于福建罗源、连江、闽侯和宁德南部飞鸾一带，其样式与其他几种差异较大，为右衽交领大襟上衣，肋下侧缝处系带固定，右侧底襟处有系带和衣服内左侧中缝的带子打结固定，胸口左右襟交叠处钉有圆形银牌一片，上刻花纹，银牌下面缀有银链，链子末端坠银色小铃铛。罗源式应为对传统样式保存得最为完整的畲族服饰，曾于

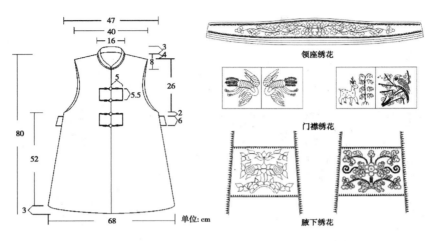

图 2－29　霞浦"做表姐"马甲平面款式图及图案复原

（笔者根据实物绘制）

1975 年被指定为全国畲族女性服饰的代表装。

　　花边是罗源式服装最显著的特征，《高皇歌》里记载着"罗源人女好个相，身着衫子花成行"的描述。罗源式上衣大身以黑色为底色，上面镶拼花边，青年女性的服装花边艳丽繁复，层数多、面积大，颜色以红白为主；老年妇女的服装上花边层数少，颜色较为素净，以红、白、蓝色为主。花边的装饰位置在肩领部位、袖口和拦腰的边缘，花边和镶嵌装饰带夹杂间隔使用。上衣的肩领部位大量使用成排的花边装饰，花边层次多的可以排到肩侧乃至腋下。花边分两部分，靠近领口和门襟的是内层，内层按照一条花边加一组镶嵌带的形式间隔构成，内层所用花边较窄，约 1 厘米宽。镶嵌带宽约 1.5 厘米，为红、白、黄等色布层层相叠组成，下一层比上一层倒吐 0.1—0.2 厘米的边缘出来，形成装饰。一般各色反复间隔4—6 次构成一组镶嵌带，这种镶嵌装饰当地俗称"捆只颜"，盛装、礼服的"捆只颜"多的缝 3 组，并列宽达 10 厘米，袖口亦缝"捆只颜"和花边。老年妇女和少女则只缝 1—2 组[①]。外层则完全以花边镶拼而成，所用花边较宽，约 1.5—2 厘米。早年的花边多为自制或绣花，机制花边出现后逐渐为机制花边所替代。前领口至门襟转角处花边排列的方式有直角式和圆角式两种。后领口嵌有一块黑底彩绣，宽约 3—4 厘米，从左颈侧向

---

① 《罗源县志》，方志出版社 1998 年版，第 917—919 页。

后绕至右颈侧，上面彩绣几何纹样或花鸟图案。蓝底白花的腰带在通身黑底红白相间的花边中显得非常突出，整体色彩斑斓，花边和流苏垂在后腰，象征着凤凰的尾巴，盛装时加上头顶的红色凤凰髻、绑腿上的五彩绑带和花鞋，把罗源的畲族姑娘打扮得像一只五彩的凤凰（图 2 - 30）。

图 2 - 30　罗源畲族妇女服饰

（左图笔者 2011 年摄于竹里村兰曲钗家，右图摘自台胞之家网）

图 2 - 31 所示为罗源县博物馆展示的未婚女子装束和已婚老年女子装

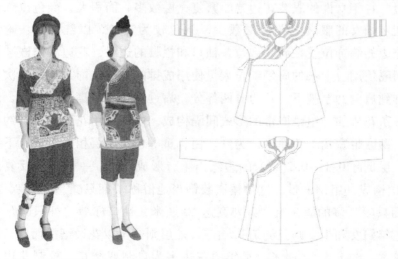

图 2 - 31　罗源未婚女子与老年妇女装束及上衣款式图

（笔者 2011 年摄于罗源博物馆并根据实物绘制）

饰及根据两者绘制的展开线描图（传世老旧服装受门幅限制，前后中心均有破缝，图 2 - 32 所示当代畲族师傅新制的服装，由于布幅增宽，前中心则为连裁）。左图为罗源未婚女青年装束，头顶红色绒线圈装饰，服装为黑色大身镶大量花边，拦腰也非常繁复华丽，袖口镶嵌排列大量花边下着裹裙和绑腿。右图为老年妇女装饰，梳高耸的凤凰髻，蓝色头绳（新婚或年轻已婚女子为红色绳），衣领简单装饰花边，面积窄小，拦腰边缘饰带简单，四角有绣花，中间露出的黑色底布面积较大。

据笔者 2011 年在福建省罗源县松山镇竹里村与畲族服饰制作工艺传承人兰曲钗师傅交谈得知，尽管采用了高速平缝机，一件装饰华丽的罗源式上衣也需耗时 6 天左右方能完成，其中精致繁复的"捆只颜"镶滚和手工绣花最费时间。图 2 - 32 是兰师傅制作完成的一件罗源式上衣，前中心连裁，通袖长 133 厘米，衣长 75 厘米，底摆宽 57 厘米，两侧开衩高 26

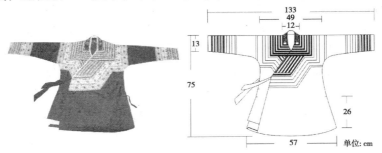

图 2 - 32　罗源式女上衣实物及平面款式图

（笔者 2011 年摄于罗源并根据实物绘制，兰曲钗制作）

厘米，袖口宽 13 厘米，领口有黑色底布彩绣几何花纹的装饰，领口绣花边缘至肩部为"捆只颜"直角花边装饰（另有圆角花边装饰的做法），宽达 18.5 厘米，宽窄花边共计 10 条。底襟较前后片大身稍短，有系带和左侧侧缝系合固定，右侧腋下大红色系带以固定大襟片。腰部以下无装饰，因衣服外要搭配同样装饰手法的罗源式拦腰。整体服装色调亮丽、装饰繁复，显得极为华丽。

和服装一样，罗源式拦腰装饰最为华丽，裙面形状略方，腰头为白色棉布，两端有与腰头同宽的布带（不是彩带），裙面两侧和底边以层层排列的花边和红白相间的"捆只颜"镶嵌带（和衣领内层花边相同）为饰，和服装肩领部位的花边呼应，裙面四角通过贴补和刺绣形成精美的角隅图案（有的只做下边两角），图案花纹以大朵的云头纹为其特征，非常醒目华丽。罗源式的拦腰系带与其他几处不同，除了固定用的系带外，腰部以蓝底白花的合手巾带束于系带外，带宽约 3 寸（10 厘米）。下图（图 2 -

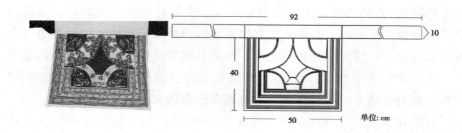

图2-33　罗源式拦腰实物及平面款式图
（笔者2011年摄于罗源并根据实物绘制，兰曲钗制作）

33）为兰曲钗师傅制作的罗源式拦腰，裙面基本为正方形，宽50厘米，高50厘米（含腰头10厘米），腰带展开后总长92厘米，除了外层的镶边装饰外，裙面内层有花布补绣的云头图案，四角是彩色刺绣角隅纹样，左右上角为鲤鱼纹样，左右下角为凤鸟纹样。罗源式拦腰整体装饰华丽，和本地区服装装饰风格一致，两者交相呼应，搭配穿着形成斑斓绚丽的外观效果。

罗源式女装的下装一般都穿黑色半截裹裙或黑色半截短裤，裙（裤）下打黑色绑腿。裙边配五彩柳条纹刺绣几何纹，非常醒目。图2-34为典型的罗源半截裹裙，黑色棉布材质，裙摆边红色、黄色为主的几何形柳条

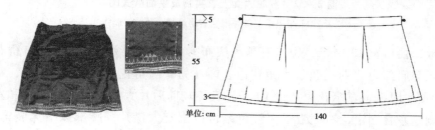

图2-34　罗源式短裙实物及平面款式图
（笔者2011年摄于罗源并根据实物绘制，兰曲钗制作）

绣花，间隔10厘米左右以黄色星点缝固定一条长6—7厘米的红色线绳直线装饰，这种摆边和红色绳线的装饰是罗源裙子的代表特征。裙长55厘米，裙宽140厘米，腰头宽5厘米，底摆绣花花边宽3厘米，在腰部两侧有对褶，使裙子腰部更适体，腰头两侧装有带袢，穿着时以布带穿过带袢扣系在腰间。

（五）福鼎式

福鼎式通常称福宁东路装，流行于福鼎及霞浦县东部水门、牙城、三沙等地大部分畲村。上衣为立领右衽黑色大襟，连袖有服斗，领部两层复式，分大领和小领，内层为大领，领座较福安式领座稍高，约为 4 厘米，中心处最高可达 5 厘米，外层紧贴领圈有一层小领，高约 1 厘米，两层领子均有彩色刺绣，领口处有两颗红色（有的是红绿相间）的绒线球，俗称"杨梅球"或"杨梅花"（见图 2 - 35）。上衣一般为黑色，大襟服斗

图 2 - 35　福鼎女子服饰领口及胸口装饰
（笔者 2011 年摄于福鼎市，硖门畲族乡藏）

处有一块宽至前中心线的刺绣面积，刺绣以桃红色为主要色调，加配其他色线，刺绣的花纹面积大，花朵也很大，图 2 - 36 为着福鼎式上衣及拦腰的女子。值得注意的是，福鼎式上衣服斗处绣花喜用人物图案，多为人物和花鸟动物图案组合，人物形象多为头戴花冠腰扎彩带的舞台人物造型。侧缝服斗末端靠近腋下处有两条红色飘带，长约尺许，宽约一寸，飘带头为宝剑头造型。两侧衣衩内缘镶红色贴边条。袖口有三层彩色布条镶边，多为红、黄、绿，或红、蓝、绿色，当地群众说这三层镶边代表的畲族雷、蓝、钟三大姓氏（传说盘姓流落海外，现国内畲族内盘姓几乎消失）。图 2 - 37 为福鼎式女装，现代制品，黑色棉布面料，双层复式领，胸口大襟处绣花，两个袖口镶有水蓝、翠绿和大红色花边，右侧腋下衣襟处有两条玫红色飘带垂下，整个衣服通袖长 140 厘米，衣长 76 厘米，胸宽 50 厘米，开衩高 28 厘米，下配黑色长裤穿着（见图 2 - 38）。

图 2 - 36　福鼎女子装束

（福鼎市民宗局资料）

图 2 - 37　福鼎女子服饰

（笔者 2011 年摄于福鼎金凤畲族服饰有限公司）

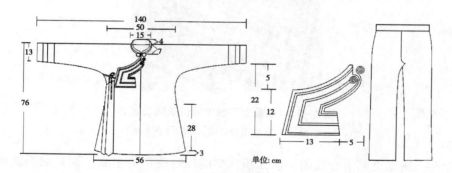

图 2 - 38　根据图 2 - 37 绘制的福鼎女装平面款式图及门襟尺寸图

（笔者根据实物绘制）

　　福鼎式拦腰呈长方形，黑色，长约 30 厘米，宽 45—50 厘米，腰头以红布或花布做成，宽约 6.5 厘米，两侧以彩带系缚固定，青年妇女节日盛装时，也有绲彩边，中间绣花的样式。裙面与其他几种式样不同，为双层裙面，即在普通的青蓝色裙面的基础上再增加了一层长宽均小于外层裙面的小裙，呈 U 形，多为水绿色绸缎或红色织锦缎制成，近代的拦腰上亦有用丝绒制成的，大裙面上多以素色为主，偶有少量绣花或花边饰边，小裙面上一般不绣花，或在边缘镶嵌一条花边。下图所示（图 2 - 39）为福鼎民宗局所藏的一条福鼎式拦腰，红色绸缎腰头宽 6.5 厘米，黑色裙面宽57 厘米，高 32 厘米，边缘镶有 1 厘米的机织花边。水绿色绸缎的小裙面

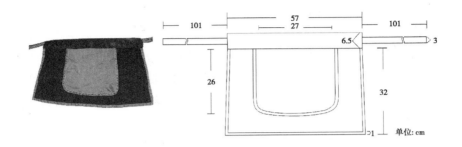

图 2 - 39　福鼎式拦腰及平面款式图

（笔者 2011 年摄于福鼎市金凤畲族服饰有限公司，并绘图）

宽 27 厘米，高 26 厘米，也镶有花边两侧彩带上织有"社会主义好"、"世界和平好"等字样，两侧彩带各长 101 厘米（含 15 厘米流苏）。

三　以凤为名的冠髻

畲族男子冠髻与汉族相同，畲族女子所佩戴的特殊头饰称为凤凰冠，是畲族最具代表性和区分度的饰品。凤凰冠，畲语称之为"gie"，是每个畲族女性结婚时必备的头饰。根据史料分析，畲族历史上凤冠均为女子结婚之时开始佩戴，之后为女子日常头饰。在历史发展演变中，浙江一带的的畲民仍坚持这种传统，但福建境内的畲族女子逐渐演变为结婚之时佩戴凤冠，平时则以红绳线掺杂真假头发盘成的发髻代替，这种发髻被称为"凤凰髻"。因此，在日常装束上浙闽两地的畲族形成了明显的差异，即浙江畲族女子在穿着民族服饰时均佩戴珠饰凤冠，而福建畲族女子则只有婚礼和入殓之时才佩戴，平时则以独特装束的凤凰髻束发。福建的凤冠从日常佩戴演化为仪礼性装饰，演变得更具仪式感和隆重感，不同地区的样式也各具特色。

由于浙闽两省畲族女子日常发饰存在的差异性，本书将凤冠与发髻合并在一起进行讨论，以往的很多研究中易将两者混淆，笔者按照以下标准进行界定：凤冠冠体应基本独立于发髻之外，发髻成型后将凤冠系于头顶，通过珠串尾端的银簪固定在发髻上；而发髻则在本身头发的基础上，由假发、绒绳等附加物和发丝缠绕而成，并形成一定的造型。浙闽两省各处的畲族女子发饰上可以清晰区分婚姻状况，未婚女子多以红绳系发辫，浙江已婚女子戴凤冠，福建已婚女子梳凤凰髻，也有因女子身份不同而对应地将其所属发式称为"小凤凰髻"、"大凤凰髻"和"老凤凰髻"的。

（一）凤冠

在很多早期文献里，都称畲族冠戴为"狗头冠"，因其始祖盘瓠为犬，故以犬为图腾，如《皇清职贡图》中描述"妇以蓝布裹发，或戴冠状如狗头"①。1947 年凌纯声曾在其《畲民图腾文化的研究》② 一文中对畲族的犬图腾进行了研究，并认为畲族妇女的狗头冠是其图腾最显著的表现，文中将其分为三种类型，即他本人所搜集的丽水式（见图 2 - 40）、史图博调查记中所记录的景宁敕木山式和福州罗岗式（即罗源式），并认为"此非普通的头饰，而是自古代传下的一定的图腾装饰……据为畲民打制银笄的工匠言，此种头笄的样式，乃系古代相传之形式，畲民不容有丝毫更改"。因汉文化中对"狗"的鄙视以及畲族发源地凤凰山的传说，在畲汉文化交融的过程中，对于头冠的解释演变为凤凰冠。相传凤凰冠是为了纪念畲族的祖先，沿袭了"始祖婆"三公主出嫁时帝后娘娘给他的凤冠③，故有些地区又称"公主顶"。畲族女子的婚姻状况可以通过其冠饰发髻一目了然，女子出嫁前后所梳发式及头饰均不同，凤凰冠一般于女子结婚时始戴，由于畲族的民族习俗中寿服和婚礼服饰一样，所以凤冠也是畲族妇女逝世后入殓使用的冠戴。史料中记载畲族女子"高髻垂缨"④，"妇人高髻蒙布，加饰如璎珞状"⑤，"冬夏以花布裹头，巾为竹冠，缀以石珠，妇人皆然。未嫁则否"⑥。浙江和福建两省的凤冠样式存在显著的差异，凤冠的佩戴场合也不尽相同。

1. 浙江凤冠。

浙江的凤冠"断竹为冠，裹以布，布斑斑，饰以珠，珠累累"⑦，凤凰冠以竹片、石珠和银器制成，多以竹筒、银牌和红布饰于发顶，额前两

　　① （清）傅恒等：《皇清职贡图》卷 3，辽沈书社 1991 年影印本，第 259—260 页、第 263 页。

　　② 凌纯声：《畲民图腾文化的研究》，《国立"中研院"历史语言研究所集刊》1947 年第 16 本，第 150 页。

　　③ 吴微微、骆晟华：《浙江畲族凤冠凤纹及其凤凰文化探讨》，《浙江理工大学学报》2008 年第 1 期。

　　④ 光绪《侯官县乡土志》卷 5《人类和地形略》。

　　⑤ 光绪《福安县志》卷 38《杂记》。

　　⑥ 光绪《处州府志》卷 29《艺文志中·文编三》。

　　⑦ 同治《景宁县志》卷 12《风土·附畲民》。

图 2 - 40　丽水畲妇所戴头冠的正、背、侧面
（摘自凌纯声《畲民图腾文化的研究》）

鬓缀珠串数股，坠以刻花银牌。清光绪年间丽水一带"畲妇戴布冠，缀石珠"①，民国时期浙江括苍（今浙江丽水东南）"妇女以径寸余、长约二寸之竹筒，斜截作菱形，裹以红布，覆于头顶之前，下围以发，笄出于脑后之右，约三寸，端缀红色丝绦，垂于耳际"②。可见浙江凤冠以景宁和丽水两地的式样为主，竹冠覆顶，裹以红布，以细小的石珠穿成长串绕饰于前额及两鬓。景宁畲族博物馆在凤冠的种类划分中将景宁的凤冠称为雄冠式，丽水、云和的称为雌冠式：景宁式雄冠冠头高耸，珠串缀饰较多；丽水式冠头较为低矮，泰顺一带则冠头较平，并排缀饰一排珠串，和丽水式同为雌冠式（见图 2 - 41）。丽水地区的凤冠较景宁一带简洁矮小，悬挂的珠串缀饰不多，仅仅用来固定头顶的竹冠，竹冠上的红布较为突出，这一点与景宁郑坑的比较像。凤冠下的发髻梳法为：上半部分的头发在偏左侧脑后扎住，和余下的头发在后脑盘成扁平的发髻，凤冠珠饰的尾部为璎珞状簪子，插于右侧发髻。泰顺凤冠的冠头则为扁平，横向排列约 10 串银链珠串垂于前额，两侧垂有飘带，脑后发髻上插有银笄（见图 2 - 42）。景宁地区的凤冠也存在细微差异，图 2 - 43、图 2 - 44 和图 2 - 45 分别为敕木山村民国时期、黄山头村 20 世纪中期和郑坑桃山村现代（2012 年）三个时期的凤冠，可以看出三者整体造型较一致，头冠的尾部翘起和前额珠饰走向基本相似，两鬓珠串悬垂的量和比例稍有不同，景宁郑坑桃山村凤冠所裹红布较为突出。

---

① 光绪《处州府志》卷 24《风土》。
② 沈作乾：《括苍畲民调查记》，《北京大学研究年国学月刊》1925 年第 4 期。

图 2 - 41　泰顺凤冠
（摘自《浙江省少数民族志》）

图 2 - 42　浙南雄冠（中）和雌冠（两边）
（笔者 2012 年摄自景宁畲族博物馆）

　　田野调查中所见景宁的雄冠式凤冠分为头、身、尾三个部分，有刻花银牌装饰，珠子小如绿豆，缀珠成串，此样式代代相传。当地畲民对凤凰冠的解释为：三角形镶嵌刻花银片的冠体象征凤身，前面的立面象征凤头，后面高高挑起的是凤尾，耳侧垂下一束石珠的末端缀有数片鹅掌形银片象征凤脚（见图 2 - 46），部分珠串尾端缀有银簪，向后插入发髻中，余下部分垂于耳侧，尾部缀有银质挖耳勺、牙签等小物。佩戴凤冠时，先把头发梳成单辫盘于后脑，打成发髻，发脚四周绕上黑色绉纱，头顶安放银箔包的竹筒（直径约 1 寸、长 3 寸，富户用银制），包以红布，银钗高挑，珠串穿在绉纱上，插 1 支银簪，另系 8 串尾端结有小银牌的珠串垂于耳旁。由于凤冠一般是女子新婚之日始戴，凤身的银片上多会刻上一对小人意喻夫妻和美。佩戴凤冠时女子需盘发髻于头顶，上面固定住银质的凤

图 2 – 43　民国时期景宁敕木山凤冠样式

（史图博绘，转引自凌纯声《畲民的图腾文化》）

图 2 – 44　20 世纪中期景宁黄山头村妇女凤冠

（笔者 2009 年摄自畲民家）

身。现在景宁地区的老式凤冠多为家传，形制保存较好，但传统凤凰冠制作精致、造价较高且脱戴过程较为复杂，现代畲族女性在节庆活动时多采

图 2 - 45　2012 年景宁郑坑桃山村畲族妇女凤冠

（摘自中国畲乡论坛）

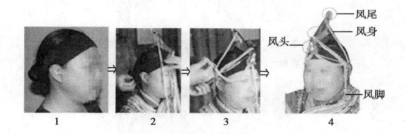

图 2 - 46　景宁凤冠佩戴过程

（笔者 2009 年摄于景宁东弄村）

用简化的凤凰冠。这种简化的凤凰冠以绒布头箍为主体，上有仿银制的凤身、绣花装饰和塑料珠饰，使用时戴在额前，于脑后系带固定即可，操作简便但制作粗糙。雌冠式凤冠的顶端没有雄冠式高耸，凤身较为扁平，额前悬垂银链若干，银链尾端缀鹅掌形银牌。

2. 福建凤冠。

福建的凤冠以竹片、红布为构成主体，装饰着珠子和银牌。福建各地的新娘凤凰冠样式也不尽相同，凤冠是以竹壳为骨架，外包红布缝成长方形的头冠。冠上缝一片片四方方的錾有凤凰、蝴蝶等图案的银牌，轻薄如纸，再缀上红线穿起一串串的五色料珠，垂挂到冠的四周。福安凤冠上饰有遮面银饰遮住面部，俗称"圣疏"或"线须"。"线须"由一块长方形银牌和九串银饰薄片组成，银牌上有"双龙抢珠"图案，银片纹饰为鱼、石榴、梅花等吉祥图案①。要是戴在头上，这些链牌就能垂到胸前，遮住脸部，摇来晃去，叮当作响。额前镶双龙、凤凰、蝴蝶、花木、鱼鸟等图案。"凤凰冠"上额正当中，悬立一块"双龙戏珠"银饰，左右两旁竖立两个武士，额正面贴镶两块长12厘米宽3厘米多的银质"冠栏"片。其下并排悬挂4片四方形有花纹的银片，表示盘、蓝、雷、钟四姓联姻。冠髻之后垂挂一块錾有"双龙戏珠"等图案的银牌。髻上横插一根髻针，以保持戴冠稳定。它是畲家嫁妆之一，亦是畲族女子殡葬冠戴，旧时家庭困难者也有在新婚之时向他人借用的（见图2－47）。霞浦式凤冠与福安

图 2－47　福安凤冠正侧面及人物佩戴图
（笔者摄于景宁畲族博物馆、阮晓东家及宁德市博物馆）

式较为相似，也有银牌遮面，但冠顶不似福安式向后延伸而是向上高耸，冠身以红布覆盖，冠顶尾部也缀有银牌（见图2－48）。福鼎的凤冠形似牛角，主要以红布和银簪构成，有侧垂叶、后脊和飘带、木簪、银片、料珠等构件，前额有银链成串遮挡，形似"圣疏"，但数量和规模均大为缩减（见图2－49）。

　　罗源式凤冠在凌纯声文中被称为罗岗式，被认为是最具图腾象征的畲族头笄，亦是以银箔包裹竹筒置于顶上，竹筒外裹以红布，竹筒前端有数串蓝色玻璃珠连接至冠尾，分别自面颊两侧垂下，冠尾有方形红布象征凤尾（在犬图腾中则象征犬尾），左前侧有银笄坠红色璎珞斜插头顶（见图

_____

　　①　《中国少数民族》修订编辑委员会：《中国少数民族》，民族出版社2009年版，第858页。

图 2 - 48　霞浦式凤冠

（摘自《闽东畲族文化全书·服饰卷、工艺美术卷》）

图 2 - 49　福鼎新娘凤冠装束

（福鼎市民宗局资料）

2 - 50、图 2 - 51），这种样式一直延续至今，在罗源畲族妇女的婚嫁中仍佩戴这样的凤冠，图 2 - 52 是罗源县松山镇竹里村兰曲钗师傅给笔者展示其妻当年结婚时佩戴的凤冠，样式与前文所述一般无二。

经过上述分析可以看出，罗源凤冠与景宁凤冠的制式构件相似，在竹

图2-50 民国时期罗岗式（罗源式）狗头冠

（摘自凌纯声《畲民图腾文化的研究》）

冠大小、珠饰数量和佩戴位置上稍有变化，福安、霞浦和福鼎的凤冠之间也存在一定的相似性，这种脉络关系和关联性将在第三章进行专门的分析。

图2-51 罗源凤冠实物

（笔者2011年摄于罗源县博物馆）

图2-52 畲民自家结婚用罗源凤冠实物

（笔者2011年摄于罗源县竹里村兰曲钗家）

（二）发髻

因日常佩戴凤冠，浙江畲族女子盘发于脑后成髻，较为简单。福建畲族女子日常生活中喜用红绳线混合真假头发盘成凤凰髻，发式因地域不同，婚嫁与否而差异明显。

罗源地区的已婚妇女发髻高耸，最为夸张，以竹箨卷筒、红绒线和大量假发夹杂梳成"凤凰髻"，用红色绒线缠发梳扎直至头顶，约达 15 厘米高，弯至额头，中间绕成一块径 8 厘米大的圆形发桃，畲语称"凤凰头髻"，再横栓小银簪。未婚少女通常盘梳成扁圆形，以两束红绒线分别饰于发角、发顶，额前留"刘海儿"，或以红绒线夹杂发中，梳辫挽盘头上成圆帽状。福安妇女则是脑后梳成爪辫状，向上绕成盘匣式。发间环束深红的羽毛带或深红色的绒线。正面额前发高是脸部的二分之一。发顶中横压一条银簪，斜插耳耙、毫猪簪。未婚小姑娘的发型均用红绒线掺在发中，一起编成辫子盘在头上，至十五六岁时梳成"平头型"，插两只小银簪。霞浦妇女发型又称为"盘龙髻"，将前部一撮头发梳拢于左耳上，后部盘于头顶，以红绒线和大量假发夹杂扎成盘龙状高髻，发髻用红色或紫红色头绳捆扎约有寸许长的发带，大银笄横贯发顶中央，发式犹如苍龙盘卧，昂扬屈曲，独具一格。福鼎未婚女子把头发打成长辫，辫尾扎上长长一大束红毛线，而后将长辫盘在头上；已婚女子将额上头发在左耳边梳成辫子，而后与脑后头发合在一起编辫盘成髻，套上髻网，用银簪和发夹固定，有的少女还在前额留一绺"刘海儿"。中老年妇女在额上包一条黑色绉纱巾，在髻上插发夹银花（见图 2 - 53、图 2 - 54）。

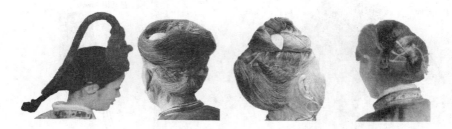

图 2 - 53   闽东发饰由左至右依次为罗源式、福安式、霞浦式、福鼎式
（笔者 2011 年摄于福建，左一翻拍自畲族宫，左二、左三为畲村老人实拍，右一翻拍自宁德市博物馆）

此外，福建顺昌畲族妇女的服饰虽然自身特色不明显故未在本书中单列研究，但其凤冠式样别具一格，未婚女孩梳成独辫，扎以红色绒线。女孩十六岁，开始用成年妇女的装饰，头上戴铜簪冠（铜簪最多的 120 根，少者六七十根）似扇状，并配以红绳、料珠，装成"扇形髻"，用红布条

图 2 - 54　福建畲族妇女发髻所用假发、银笄、银簪
（福鼎市民宗局资料及笔者 2011 年摄于宁德市博物馆）

及几串小圆珠绕在头上。但随着生活节奏加快，当地妇女逐渐将其简化为"扇形帽"，与发髻分开，只在节庆表演时佩戴。

　　20 世纪 60 年代后，畲族妇女的发式基本与汉族相同，除了少数偏远畲乡的老年妇女外（如霞浦的半月里村），只在二月二会亲节、三月三乌饭节、四月八牛歇节等畲族传统节日时才有一些人恢复原有发式，并且由于很多畲族青年都留着现代发型，无法梳传统发髻，故用一些简化的、做成凤冠或凤凰髻造型的帽子和发饰来代替。

四　实用为先的鞋帽

（一）帽

　　畲族传统服饰搭配中不习惯戴帽子，帽子在畲族服饰中出现的品种较少，除了新郎的婚礼帽和童帽外（童帽在"其他服饰品"中的"儿童用品"内进行论述），最普及的当属生活实用品斗笠，不论男女，斗笠是畲民劳动生活中最常用的帽子。由于畲族所处山区遍布竹林，为畲民各式竹编提供了丰富的材料，畲民就地取材，编制斗笠供男女劳作时使用，经过选料、破竹、破篾、拉丝、编织等工艺，在斗笠上编有精致的花纹。畲女斗笠以霞浦产竹笠最有名，其花纹有：斗笠燕、四路、三层檐、云头、狗牙、斗笠星等几种相间的花纹，混杂使用。由于花纹细巧，形状优美，工艺精致，加上水红绸带、白绢带及各色珠子相配，更显得精巧艳丽，成为畲民劳作、赴会、赶集等场合常用的帽子。制作斗笠的竹篾，细的不到 0.1 厘米，一顶斗笠上层篾条达 220—240 条之多，相当精细，竹编也是畲族著名的手工艺之一。畲语民谣中有"春天唔戴笠，弄你行一日"[①] 的

---

① 游文良：《福安畲族方言熟语歌谣》，福建人民出版社 2008 年版，第 14 页。

说法，可见斗笠是畲民生活中重要的日用品之一。除了斗笠外，现代亦有一些地区因凤冠穿戴时烦琐，为了方便而将传统凤冠做成帽子的形式以便穿脱。

（二）鞋

畲族男女在历史上都是"跣足而行"的，20 世纪 20 年代，浙江丽水、温州地区畲族女子"大足，穿青鞋鞋端绣以红花，工作则穿草履，居家则穿木屐"①，"素无缠足之习，家居悉穿草履或木屐（与日本同式），必往其戚属庆吊时始用布鞋，鞋端必绣红花并垂短穗"②，"富者着绣履，蓝布袜；贫者或草履，或竟跣足"③。畲族妇女素不裹脚，后随着迁徙和发展，劳作时穿草鞋，在家里穿木屐，雨雪天外出则以毛棕裹脚，做客或节庆时则穿布鞋或花鞋（见图 2 - 55）。畲族花鞋是蓝布里青布面的布鞋，

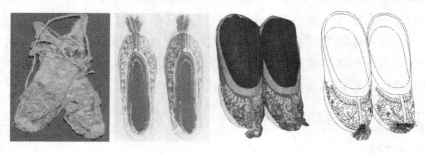

图 2 - 55 （从左至右）浙江畲民自制之草鞋、花鞋及线描图
（左二图摘自何子星《畲民问题》、其余笔者 2012 年摄于景宁并根据实物绘制）

旧时妇女结婚或做贵客时才穿，死后也要穿着花鞋入棺。花鞋一般为蓝布面白布里，或者青布面蓝布里，鞋面不高，平筒，鞋面上绣有红黄色为主的彩色花纹，现代花鞋上也有机绣龙凤图案的。景宁地区的花鞋前头扎红穗子，宁德地区的花鞋鞋尖处结一颗红色绒球。畲族居家所穿木屐有点像日式木屐，施联朱在《畲族风俗志》④ 中将其称为木桥鞋，乃用两块长方形木板为鞋底，底上两端钉上两块木头，前后不分，宛如桥形，畲民每人

---

① 胡先骕：《浙江温州处州间土民畲客述略》，转引自张大为等编《胡先骕文存》（上），江西高校出版社 1995 年版，第 91—98 页。

② 民国《龙游县志》卷 2 《地理考·风俗》。

③ 沈作乾：《括苍畲民调查记》，《北京大学研究年国学月刊》1925 年第 4 期。

④ 施联朱：《畲族风俗志》，施联朱《民族识别与民族研究文集》，中央民族大学出版社 2009 年版，第 511 页。

都有一双，是晚上临睡前穿的鞋子。福建畲族传统鞋子，为圆口、黑布、千层底或木底，有外突红色中脊的"有鼻鞋"。女子专用中脊 1 道、方头"单鼻鞋"，鞋口边缘绣花或以色线镶制，男子专用中脊两道、圆头"双鼻鞋"。民国以来，传统有鼻鞋多作为婚礼与随葬专用鞋，平日用鞋与汉族相同[①]。近现代以后花鞋、木屐就少有人穿，20 世纪五六十年代多穿胶鞋、解放鞋；七八十年代后多穿皮鞋。

五　其他服饰品

上衣下装加上拦腰构成了畲族服装最为主体的部分，各具特色的凤冠头饰则使各地不同式样的畲族服饰形象完整化、特色化。除了衣装和头饰，畲族服饰中还有一些富有民族特色的服饰品，它们不是构成畲族服饰形象的主体，但是从不同方面丰富了服饰的细节和整体感，是服饰研究中不可或缺的部分。

（一）肚兜

肚兜是旧时畲族女性贴身穿着的内衣，一般为红色或蓝色，俗称"肚仔"。肚兜的基本外形为菱形，上端开小领窝，下端修圆角，与顶端领窝两端、左右两角钉红色带袢四个，用于系带固定于颈部和后背。肚兜的形制基本相同，四周镶边，底端有绣花装饰，绣花有多寡之分，讲究的肚兜在顶端领窝的边缘也有绣花。图 2 - 56 中所示左图为畲族肚兜的基本款式

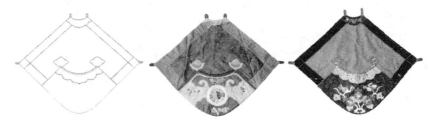

图 2 - 56　左：肚兜基本线描图　中：八卦图案肚兜　右：雉鸡石榴图案肚兜
（阮晓东藏，笔者 2011 年摄于宁德上金贝村并根据实物绘制）

图，四周边缘为镶拼部分，简单的亦可不做镶拼，单色布完成，拼接线处为贴边的缝纫线迹，下端圆角处为绣花装饰区域，有平针绣、贴补绣等多种手法，纹样以如意云头、花卉、凤鸟纹为主，有的还会绣上八卦形象以

---

① 《霞浦县志》，方志出版社 1999 年版，第 963—965 页。

求福避灾。中图为青色镶蓝边肚兜，补花云头纹样，肚脐处彩绣八卦图案，周边刺绣花卉；右图为卡其色镶藏青边肚兜，绣石榴开花和雉鸡图案，两幅肚兜基本形制相似，所绣图案及用色不同，体现了畲族妇女素雅、细腻、淳朴的风格。

（二）儿童用品

1. 童帽。

畲族童帽的形式多样，制式多来源于汉族成人帽或童帽（篇幅所限，此处仅选择典型代表性实例进行分析）。不论浙闽，畲族儿童的帽子样式繁多，制作精美，上面大多饰以彩绣，童帽主要的种类有虎头帽、兜帽、风帽、圈帽（无顶帽）等，材质多为棉布或细麻布，有单层的、夹层的和夹棉的。童帽佩戴场合不受限制，畲族人民将对孩子的美好期望、祈福甚至精神信仰都通过童帽表现出来。用布条镶拼的"福"字、"卍"字、银牌制成的"福、禄、祯、祥"、"福如东海"等字样及刺绣中常见的莲藕、牡丹、蝶恋花、雉鸡等吉祥寓意的图案。畲族童帽受道教影响颇深，道教八仙、太极鱼、八卦形象经常作为题材出现在装饰上，尤其是八卦，有的通过布条镶拼出来用作帽顶、有的直接通过刺绣表现。图2－57为阮晓东收藏的各种童帽帽顶，有八卦、"福"字和"卍"字图案。

图2－57　拼贴福佑图案的童帽帽顶
（阮晓东藏，笔者2011年摄于宁德上金贝村）

虎头形象历来是儿童服饰品中最受人们喜爱的元素，因其谐音"福"，又是万兽之王，汉族民间儿童制品中老虎寓意辟邪除恶，畲族童帽喜用虎头一方面可能是受汉族虎文化影响，另一方面畲族长期山地耕猎生活也可能产生对老虎这种威猛动物的崇敬和喜爱。畲族虎头帽多综合利用彩绣、补绣、镶拼等多种装饰手法。下图（图2－58）是福安地区的一个精致虎头帽，黑色棉布为帽身，大红色里子，虎眼、虎鼻、虎口采用填棉贴补绣技法，两耳上彩绣花卉，下缀流苏，虎牙用白色棉布叠成整齐的方块嵌入红色虎口，中间用红色棉布叠成三角以示虎舌，两边嘴角还各饰有一撮白色皮毛，帽身后片中心缀了一个彩绣八卦荷包，下缀珠子和流苏，两边对称彩绣象征富贵的牡丹纹样，帽底后中心还缀挂了一个雕刻着貔貅头的银铃铛。整个帽子手工精制、虎头表现得栩栩如生，立体的虎牙和虎舌构思巧妙。

图 2 - 58　虎头帽及其正背面线描图

（阮晓东藏，笔者摄于 2011 年并根据实物绘制）

除了虎头帽，畲族童帽中还有一些来源于舞台戏服中的冠帽和道士冠帽的样式，如下图（图 2 - 59）所示童帽，黑底有帽梁，两端垂彩色（粉

图 2 - 59　藕荷蝴蝶图童帽及正背面线描图

（阮晓东藏，笔者 2011 年摄于上金贝村并根据实物绘图）

红、橘黄、水蓝色）穗子，帽型形似儒生方巾及道巾中庄子巾和纯阳巾的变体。帽身彩绣藕荷彩蝶图案，绣工精致，用色鲜明艳丽，与服装上的所绣图案奔放热情的大红色调不同，采用了粉红和水蓝色配色，显得更为秀美娇嫩。

2. 围嘴。

围嘴也是儿童服饰用品中常见的一种，畲族儿童围嘴多以蓝黑色或月白色棉布为底做成花瓣形，花瓣形式主要为左右两瓣式或一圈六瓣式，花瓣上绣有精致图案纹样，中心领圈为圆形，用以固定在脖颈处，后中心多有一粒至两粒扣袢固定，或用暗扣进行固定。由于虎能辟邪镇恶，故亦有以虎形做围嘴以求福佑的（图2-60）。

图2-60   花瓣形及虎形围嘴
（阮晓东及景宁畲族博物馆藏，笔者摄于福建、浙江）

（三）饰品

畲族妇女的传统饰品多为银制品，头饰随发型而不同，多用银笄，主要有头笄、头簪、头钗、头花、头夹，其中头笄长约十厘米，形如二片垂叶连成的弯弓，上錾图腾花纹；头花上镂人物、动物图案，制作精细；此外还喜用耳环、耳坠、耳牌、戒指、手镯、脚镯、胸牌、项圈、肚兜链等，畲族妇女的银质耳环较有特色，是一个上小下大的S形，像个倒置的问号。一般妇女常戴银手镯、银戒指，其上錾有梅花、八卦、福、禄、寿、喜等图案与字样，其中戒指较有特色，并未完全合围，两端带有铃哨（见图2-61）。福安霞浦一带富裕人家的妇女胸前佩戴银牌、项链。妇女人人戴耳环，式样有大圆环、小圆环、珠坠环、璎珞环等。旧时畲族妇女喜欢戴银质饰品，订婚时男方要送银饰给女方，女子外出时要戴男方所赠饰品；随着时代发展，生活模式逐渐现代化，流行的首饰式样和质地也逐渐变化，20世纪80年代以后，金饰逐年增多，现代风格的饰品随着现代服饰一道逐渐被越来越多的畲族妇女接纳和使用。

（四）绑腿

畲族男女还有以绑腿保护小腿的传统习惯，"足膝之下，无论男女，皆裹蓝布"①，"自膝以下蓝布匝绕，则男女皆然也"②。畲族绑腿又叫脚绑

---

① 胡先骕：《浙江温州处州间土民畲客述略》，转引自张大为等编《胡先骕文存》（上），江西高校出版社1995年版，第91—98页。

② 民国《龙游县志》卷2《地理考·风俗》。

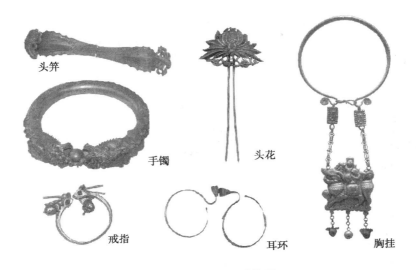

头笄

手镯　　　头花

戒指　　　耳环　　　胸挂

图 2 - 61　畲族传统饰品

（各地博物馆及民宗局资料，笔者拍摄整理）

或脚暖，绑腿对于常年在山地劳作的畲族人来说有便于劳作、保护小腿免受树枝划伤蚊虫叮咬之用，对于罗源地区常年穿短裙短裤的妇女来说还有重要的保暖功能。畲族绑腿整幅呈三角形或梯形，宽约 30 厘米，长约 50 厘米，多以白色或黑色棉麻布缝制，包覆在小腿后以布带固定。民国后畲民逐渐开始着长裤，20 世纪中期罗源等地的妇女也改穿长裤，70 年代后，绑腿已少见。现在在传统的罗源装服饰搭配中仍以短裙为下装，搭配绑腿和彩带使用①。

　　田野调查中在罗源县和霞浦县拍摄的绑腿均成色较新，罗源的绑腿以黑色梯形棉布制成，顶端尖角处和底端两侧装有带袢，以布带系扎固定包覆在小腿上，女子盛装时则以彩带固定。下图（图 2-62）所示白色绑腿为霞浦县半月里村畲族婚俗传承人雷其松收藏，高 41 厘米，宽 29 厘米，当地畲民常搭配彩色系带使用；黑色绑腿拍摄自罗源县竹里村畲族服饰制作传承人兰曲钗师傅家，为兰师傅所制作并出售给当地畲民，可见在罗源一带，畲民仍有使用绑腿的习惯（未必是日常着装，也可能是作为配套品在整套的畲族服饰中穿着），罗源新娘着装中裙下亦着绑腿，且绑腿有的

①　现在畲民日常穿着民族服饰时多配长裤，罗源也形成裙、裤兼有的穿着习惯，绑腿多用于表演装中。

边缘镶嵌有多层花边以和服装拦腰呼应，系扎绑腿的绳带有时采用彩带。兰师傅家的绑腿高 43 厘米，宽 25 厘米，日常穿着时以白色系带固定。两个绑腿外形相似，穿戴方式也相似。

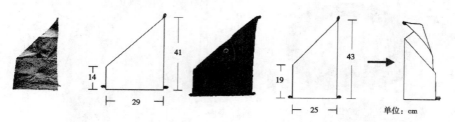

图 2-62　畲族绑腿及尺寸示意图
（笔者 2011 年摄于霞浦及罗源，并根据实物绘制）

第二节　丧葬祭祀服饰形制

仪礼祭祀服饰主要包含两个类别：人生仪礼服饰和宗教祭祀服饰。畲族的人生礼仪中以婚礼和葬礼最为隆重，对应的都有特定的服饰形制，婚礼服饰已在男装和女装部分论述过，此处只讨论畲族的丧葬服饰。相当于畲族男子成丁礼的"醮名祭"（传师学师）由于其祖先祭祀的成分较重，本书中将其服饰归入祭祀服饰。

一　丧葬服饰

丧葬服饰分寿服和孝服两种，寿服是死者入殓时穿的衣服，孝服是死者子女亲人穿的衣服，下葬后戴孝 49 天。畲族孝服与一般汉族孝服相同，由白色苎麻和棉布制成，头戴尖顶白帽，脚穿草鞋。孝男身着不锁边的麻衫，腰扎草绳；孝女孝媳也着麻衫，并把发髻上的红绳换成麻片或者白带子；孝孙身着白色棉布衫。

畲族传统习俗中，因死者身份、性别不同而穿着不同的寿服。没学过师的称为"白身人"，一般不论男女，随葬服饰与婚礼服饰相同，而且寿服穿戴的数量必须是单数，如三、五、七层不等，以新衣或生前较新的衣服为宜。畲族传统着祭祀服饰入殓，即学过师、祭过祖的男子，死后穿红色的赤衫；儿子也学过师，传过代的则可以穿青色长衫"乌蓝"入殓；做过西王母的女性可以穿着做西王母时所穿的绿衫入殓。畲族妇女举行婚礼和去世时穿的专用长裙叫大裙。参加丧葬时的大裙为黑色、素面、四褶，长至脚背，分筒式和围式两种，与上衣配套，束以宽大的绸布腰带或系配色大绸花。婚礼时大裙改用红色面料缝制，束以红绸结的大绸花。图2-63所示为景宁近现代新制寿衣，款式形制依照传统样式，黑色棉布镶宝蓝色寸许宽边，通袖长165厘米，衣长132厘米，袖口肥大，胸口对襟处左右各有一个半圆形镶拼，其上下各系一带固定。

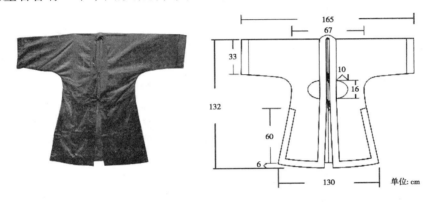

图 2-63　景宁畲族寿衣

（景宁畲族博物馆藏，笔者2012年摄并根据实物绘图）

二　祭祀服饰

祭祀服饰是指畲民在祭祖、学师时所穿的服饰，款式为大襟长衫，无纽扣，用带子系，也称为"法衣"。男子的祭祀服饰分为青色和红色两种，衣长三尺，袖肥一尺。第一代学师者（即参加过一次祭祖的）穿红色，名为"赤衫"，如果其下一代也已经学师，那么就可以改穿青衣，俗称"乌蓝"，也称"房赵"。畲民以传代为荣，没有传代者俗称"断头师"。赤衫和乌蓝都有月白色镶边，还配有同样颜色的无顶帽，帽有两条垂带，只有在举行祭祖或曰传师学师仪式上担任祭师或者给学过师的老人过世后做功德才穿戴。据《龙游县志》记载："畲民礼服（注：指祭祀服装）有青有红，长三尺，袖大一尺，缘以兰布，约一寸五分，于祭其祖时用之"[1]。《景宁县志》中对这种以服色辨别身份的制度做了说明，并且描述了祭祀时所戴的帽子："时而祭祖，则号为醮明，其属相贺，能举祭者

---

① 民国《龙游县志》卷2《地理考·风俗》。

得戴巾以为荣（即明时皂隶巾）。一举则蓝，三举衣且红，贵贱于是乎别矣"①。明代皂隶巾又叫平顶巾，黑色漆布制作，形似方巾，一侧饰有孔雀翎和雉尾。《三才图会》："巾不覆额，所谓无颜之冠是也，其顶前后颇有轩轾，左右以皂线结为流苏，或插鸟羽为饰"②（图2-64）。据闽东地

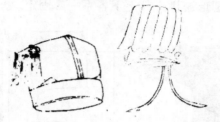

图2-64　皂隶巾和纯阳巾
（摘自《三才图会》）

区清代畲族祭祖时所戴法帽所示，造型和皂隶巾颇为相似，但没有鸟羽装饰，黑底，四面绣黄色"卍"字符（图2-65）。浙江地区祭祖时的帽子

图2-65　景宁法帽
（笔者2012年摄于景宁畲族博物馆）

名为"水牯帽"，据2012年正月初六景宁郑坑桃山村传师学师的录像资料来看，服"乌蓝"者所戴的帽子更似道教的"纯阳巾"或曰"九梁巾"（图2-66），服"赤衫"者所戴为莲瓣型头冠（图2-67）。畲族女子做

---

① 同治《景宁县志》卷12《风土·附畲民》。
② （明）王圻、王思义：《三才图会》衣服1卷27，上海古籍出版社1988年版，第1506页。

图 2 - 66　2012 年正月景宁郑坑桃山村"传师学师"视频资料截图

（资料来源于中国畲乡论坛）

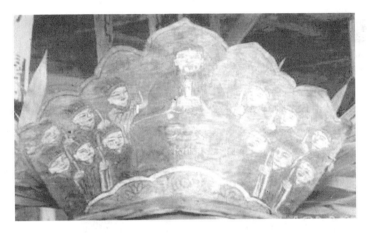

图 2 - 67　景宁"赤衫"头冠

（资料来源于中国畲乡论坛）

"西王母"的在仪式完成后可以着绿衣（也有地区是着红衣的），以示尊贵，现多以绿色缎面制成对襟大褂，衣身宽松，对襟处镶寸许宽红边。浙江地区所查资料中的"赤衫"和"乌蓝"服装都是对襟镶边长袍，有的还在后背心嵌有八卦图案，戴类似纯阳巾的帽子，带有明显的道教痕迹（见图 2 - 66，图 2 - 68）。近代福建地区所进行的祭祖活动中有些法师着右衽大襟"乌蓝"长袍，边缘也有镶边，头戴类似皂隶巾的方巾，两地略有细微差别。

　　下图（图 2 - 69）为凌纯声资料中记载的民国时期浙江丽水山根畲民已祭祖夫妇的穿着，可见当时的男子是右衽大襟镶宽边长袍，领圈、大襟、袖口及底摆均有 2—3 寸的宽边。女子做"西王母"后为交领右衽大襟过膝袍服，领口、袖口和底摆镶边较男子略窄，约 2 寸。

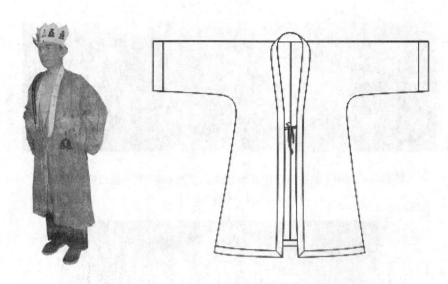

图 2-68 景宁学师者装束及服装线绘图

（笔者 2012 年摄于景宁畲族博物馆并根据实物制图）

图 2-69 祭过祖的畲族男女

（摘自凌纯声《畲民图腾文化的研究》）

下图（图2－70）为福建省宁德市金涵畲族乡亭坪民俗村中华畲族宫展示的一件清代闽东畲族法师袍服藏品，法袍衣宽袖肥，整体为棕黄色调麻质对襟系带长袍样式，通袖长233厘米，袖肥67厘米，衣长167厘米，底摆宽120厘米，袖口镶边10厘米，底摆镶边13厘米，两袖在上臂处有拼接，通体为手绘龙纹及海水江崖纹图案，底摆绘有圆形法纹，两个袖口镶边为宝相花纹样。与常见的素色法袍不同，该法袍样式较为隆重、独特，应为较高规格的祭祖穿着。

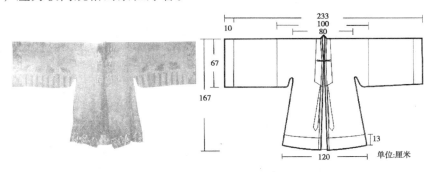

图2－70　闽东畲族法师法袍

（笔者2011年摄于中华畲族宫并根据实物绘图）

除了祭祖服饰外，畲族传统祭祀巫舞"奶娘踩罡"的服饰也别有特色，借陈靖姑女神的形象，以男扮女装为主角，塑造了一个刚柔相济的神话英雄人物。由于是模仿"奶娘"陈靖姑的形象，祭祀跳舞的男法师头戴法冠，上绘虎头图案，脑后披红布，下着百褶长裙随节拍起舞驱鬼祈福，踏着节奏旋身而起之时裙摆鼓风展开，脑后红布飘扬，颇有神威（见图2－71，线描图根据博物馆藏品绘制，并非对应图中男子着装）。

第三节　服饰工艺特征

畲族绚烂多彩的服饰是由各种精致的服饰工艺构成的，其中彩带、镶滚和刺绣是畲族较有代表性的三种服饰手工艺，它们在历经千年的民族迁徙和发展中和周边民族相互交融、学习，吸收了一些服饰工艺装饰方法，同时结合自己民族的传说、文化，积淀形成了今天具有自己民族特色的服饰工艺特征。

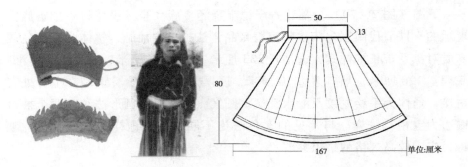

图 2 - 71　奶娘踩罡冠帽、服饰及裙子线描图
（笔者 2011 年摄于宁德市博物馆并根据资料绘制）

一　彩带

（一）彩带的历史和文化表征

彩带是畲族历史悠久流传广泛的手工艺织品，又称"拦腰带"、"带子"、"合手巾带"（花腰带）等，用于束腰，在畲族女性服饰文化和婚嫁文化中占有重要的地位。早在 1933 年何子星的《畲民问题》中第一次将浙江地区畲民自织的彩带和帽布（即覆在凤冠上的红布）照片随文发表

图 2 - 72　畲民手工彩带
（摘自何子星《畲民问题》）

（图 2 - 72），并注明"图中之带，俗称畲客带；其他一布，名为畲客帽

布；彼族甚敬重之"①，或可称为最早对畲族彩带工艺进行关注的研究。
彩带编织工具简单，可以通过小型木制织机来制作，也可以一端固定在门
框或窗框上，另一端固定在自己腰间，利用四块竹制的工具和纱线即可开

图 2 - 73　彩带编织工具

（笔者 2012 年摄于景宁畲族博物馆）

始织造（图 2 - 73）。彩带有丝织和棉织两种材质，有两种类型：一种较
宽，长约 240 厘米，罗源地区称之为"合手巾带"（图 2 - 74），中间主体

图 2 -74　罗源合手巾带

（笔者 2011 年摄于罗源县松山镇竹里村）

是类似蓝印花布的蓝底白花，两端镶花边并饰有流苏，亦有用畲族自织红
底横条土布制成的；还有一种较窄，是以柳条纹为图案组成的二方连续式
花纹，后一种又称花带、字带、腰带、带子等，供裤带、腰带、刀鞘带、
拦腰带等用，本书所指彩带一般均指较窄的字带。彩带在日常服饰中可以
用于边缘装饰及用于固定拦腰、绑腿等服饰品，还可用于背篼带、裤带等
物。彩带编织轻便简单，占地面积小，适应畲族历史上频繁迁徙、射猎为

---

① 何子星：《畲民问题》，《东方杂志》1933 年第 30 卷第 13 号。

生的流徙生活以及自给自足的家庭手工操作生产方式，旧时畲族女子人人会织，世代流传。除了广泛的实用功能外，彩带还是畲族青年男女的定情信物，按照传统习俗，畲族男女定情之时女方会送上自己精心织成的彩带作为信物①。以往畲族姑娘五六岁起就跟着母亲学习编织彩带，织彩带是一个姑娘是否心灵手巧的表现，定亲时不论男方送什么礼物，女子必回一条自织的彩带，畲歌中很多男女情歌的内容也表现了畲女织彩带定情的场景："手经彩带心想哥，横纱直线错头多，只吓爷娘来查问，谁讲头痛抛了梭"②、"一条带子斑又斑，丝线拦边自己织，送给你郎缚身上，看到带子看到娘（姑娘自称）"③。遗憾的是现在这一习俗随着彩带工艺的逐渐式微已淡出现代畲民的生活。

（二）彩带的编织过程

彩带的编织过程大致有整经、提综、织纹和收口四个步骤。所需工具就地取材，需要一块整经木板、一块大石头和四根一头削尖用来提综绕线的木片和木棒。纱线经过整经后一头固定在腰间即可，所以只要有空闲，门边廊下都是畲族妇女编织彩带的场地。彩带最窄的宽度不到1.5厘米，一般宽度在2.5—6厘米，多以白色底为主，中间织成几何形图案，图案以黑、红、青、绿色为主，闽东畲族彩带较宽，白边也留得较宽，浙南丽水的彩带也较宽，景宁的较窄。

整经前要准备一个简单的木板，长60—80厘米，木板两头钉长钉用以固定纱，木框中央用一块大石头压住一根竹片和一根竹棒，用来绕线固定（图2-75）。竹片具有提综开口的功能，在绕线整经时将预期要用的色线按照顺序排列好，按照单双根纱线上下错位的顺序穿过竹片，造成提综的开口，然后以竹棒为分纱棒交叉绕一圈，固定经线。整经时一般两边外侧为白色纱线，中间为黑色、红色或绿色、黄色线，和白线交织成为图案。提综时可以依靠小型织机或者直接一头固定，另一头系在腰间进行。已经整经完毕的白线和彩色线为经线，以白色纱线为纬线，削尖的竹片为打纬刀，打纬刀在经线中按照图案需要穿插后立起形成开口，起到引纬功能，白色纬线从此穿过，并用打纬刀压紧固定，在白色边条部分形成平纹

① 金成熺：《畲族传统手工织品——彩带》，《中国纺织大学学报》1999年第2期。

② 游文良：《福安畲族方言熟语歌谣》，福建人民出版社2008年版，第178—179页。

③ 施联朱：《民族识别与民族研究文集》，中央民族大学出版社2009年版，第566页。

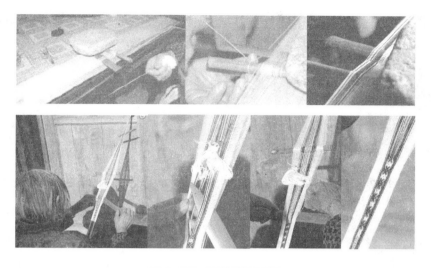

图 2-75　彩带编织过程
（笔者 2009 年摄于景宁黄山头村）

组织，在中间花纹部分通过纬线在经线上的上下变化形成提花图案，如此按照一定的规律循环反复，构成彩带中心的织纹。这种织纹图案是一种简单的提花组织，由于是由经线色织而成，亦被称为"经锦"①。整条彩带编织完成后，在两端留出一部分长度，经纬纱打成穗子即完成收口。

（三）彩带的字符图案

彩带的图案主要有简单的象形图案和字符图案两种，象形图案主要是简单的鸟纹，字符图案则带有一定的寓意，主要是天气、作物等与农耕生产生活相关的内容。1932 年德国学者史图博的调查中就有对彩带的记录：用丝线和棉纱线织的仅三厘米宽，有兰（蓝）、绿、白三色图案花纹。我们在景宁买到这样一条围裙带子，其图案是由合乎传统的风格的花样组成的，多半是从简单的汉字变化而来，例如"中"、"门"等。带子的另一种花样是一只合乎传统风格的鸟②。图 2-76 为笔者 2009 年在景宁田野调查时所拍摄的传世老彩带照片③，带边上可以清晰地看见一只双足站立的

---

① 金成熺：《畬族传统手工织品——彩带》，《中国纺织大学学报》1999 年第 2 期。

② ［德］史图博、李化民：《浙江景宁敕木山畬民调查记》，转引自《景宁畬族自治县地名志》，国营遂昌印刷厂 1990 年版，第 334 页。

③ 该彩带是民族商店店主从周边畬村中收上来的，故不一定是景宁的，也有可能是丽水、温州等地的。

图2－76　有字符和鸟纹的彩带　　图2－77　当代景宁畲族妇女编织的彩带
（笔者2009年摄于景宁）　　　　　（笔者2009年摄于景宁黄山头村）

鸟状纹样，符合史图博文中的描述。在各地收藏及资料中所见有鸟纹的彩带并不多见，而史图博文中所述"简化的汉字"纹样的字符图案则是浙闽所有彩带中统一的图案形式。这种字符图案通过各种45°交叉的折线来表现，是一种简单的折线形几何纹样，在带子上有单排排列的，也有双排排列的。据编彩带的畲民说，图案形式是祖辈一辈辈流传下来的，根据笔者在景宁、宁德、罗源、霞浦和福鼎等地的实地考察，各地彩带的字符图案基本一致。作为浙江省景宁县东弄村的蓝延兰（浙江省非物质文化遗产项目代表性传承人）告诉笔者，这些类似于字符的折线形图案还含有一定的寓意。据畲民说，彩带上的字符图案是祖辈流传下来的，从景宁、宁德八都、福安和福鼎所见几种彩带来看，浙闽畲族彩带图案重合度极高。金成熺曾对这些字符图案进行了分析并分为假借汉字及甲骨文纹样、会意纹样和几何纹样三类，笔者在2009年的田野调查中在与蓝延兰的交谈中得知她记录的纹样织法有六十余个，但对于纹样寓意凭借记忆仅能回忆起17个。笔者根据蓝延兰的彩带编织方法记录及口述内容，结合文献资料对畲族彩带中的字符图案进行了图案原型和所含寓意的整理（表2－1）。由于浙江畲族迁徙自福建，彩带编织源出同宗，这些字符图案最初可能代表了一些最为原始和简单的祈福与记录功能，在民族迁徙过程中，虽然服饰形制外观随着文化融合和经济发展不断变化，但是作为一种民族的共同记忆和强化符号，彩带工艺被固执地保存下来并严格遵守历代流传下来的织纹，流传至今。

表 2－1　　　　畲族彩带图案寓意对照表（笔者根据田野调查
资料及文献整理绘制）①

序号	图案	寓意	备注	序号	图案	寓意	备注
1		土	×	20		雷	#
2		开始	×	21		田	#
3		日间共作	#	22		敬龙	#
4		威望高者	×	23		怀孕	#
5		平顺	×	24		狩猎	#
6		诚心	#	25		踏囚	×
7		继业	#	26		编织	×
8		水源	×	27		鱼	#蓝：年年有余
9		融合	×	28		敬日	#
10		成匹	×	29		父	×
11		伟貌	×	30		男性	×
12		曲折	×	31		云彩	×
13		埯	×	32		树果	×
14		缺月之时	×	33		收获	×
15		亚？	×	34		世业	×
16		匀？	×	35		顺理	×
17		民族移动	×	36		主家骨	×
18		麦穗	#	37		收支	×
19		日	#	38		爪，收入	×

① 蓝延兰有记录的标记为#，无记录的标记为×，？为不确定。

序号	图案	寓意	备注	序号	图案	寓意	备注
39		禽	×	54		吊	×
40		动物	×	55		风	×
41		丘陵	×	56		往来	×
42		连山	#蓝：山连山	57		创大业	×
43		邻舍	#蓝：邻居？	58		母	×
44		亲戚	×	59		女性	×
45		相邻	×	60		民族繁荣	#
46		合居	×	61		？	×
47		相对	×	62		蜘蛛	#蓝：蜘蛛网，强调为3个菱形
48		相配	×				
49		聚会	×	63		老鼠牙	#
50		祭礼	×	64		天长地久	#蓝：强调3个角
51		尊敬	×				
52		交流	×	65		广野	×
53		靶口	×				

二　镶绲

"镶"是服装中常见的一种工艺手段，是"镶拼"与"镶嵌"两种工艺手段的结合。镶拼，指在服装制作工艺中将两块或两块以上的布片连缀成一片，工艺上通常采用最为普通的平缝。镶嵌，指一布片嵌于另一布片上，在制作时，往往是将一块面积较小的布片，覆在较大的布片上，重叠缝纫。"镶"的工艺手段在畲族服饰中的应用十分普遍,在男子传统服饰长衫的边缘、景宁畲族女子"兰观衫"的大襟边缘,甚至"传师学师"中祭祀服饰的"赤衫"和"乌蓝"的边缘都有镶边工艺。

"绲"是针对服装边缘的一种处理方法,是我国服装传统工艺,一般用斜纹布条作为绲条布,夹在两层布之间,以包缝形式与布边拼接,贴缝于服装表面,绲边的粗细和均匀度体现了服装工艺的精湛。绲边主要用于衣服的领口、领圈、门襟、下摆、袖口与裙边等部位①,不仅能够起到加固边缘的作用,适度地利用绲边和服装本料颜色的对比和反差还能起到强调服装造型、烘托装饰效果的作用。福安式女装的领口和大襟边缘、罗源式女装的花边间隙都用的是绲边的工艺。畲族绲边多利用红、白、水绿、明黄等色多层重叠,形成五彩线性装饰带。

畲族服饰中对镶绲工艺的运用一般以撞色镶绲为主,在畲民惯用的蓝黑色服装大身上,彩色的镶边除了加固边缘外还是服饰中重要的装饰手段,和刺绣、花边搭配形成绚丽多彩的带状装饰。畲族各地不同式样的服装对镶绲工艺的运用不尽相同。男装普遍以"镶"为主,镶边带较宽,边口辅以绲边起到强调边缘和加固的作用。景宁女装"兰观衫"的领口、领圈绲边,大襟服斗处则以一条宽镶边为主,辅以2—4条彩色细条绲边,丰富边缘装饰。福安式喜在黑底上衣的大襟和领口边缘用红色进行镶绲,霞浦和福鼎的服饰上多刺绣,喜欢在边口绲极细的边,其中霞浦上衣服斗处绣花的边缘也喜欢用细滚边来勾勒边缘。最富特色的是罗源式服饰综合运用镶绲工艺,多层重叠形成带状装饰的工艺,当地俗称"捆只颜"。多样化的镶绲工艺给畲族服饰带来了丰富的变化和多样的装饰效果(图2-78)。

三 刺绣

刺绣作为一种传统手工艺技能,因针法、用线和图案的不同可以体现出不同的装饰风格,在各民族服饰中均有使用,经过不同的地域民俗的孕育、历代的传承和各种文化交融下的学习和借鉴,形成了不同的地域风格和民族特征。畲族妇女喜欢在衣服的领、袖口、衣襟边缘以及拦腰的裙面

---

① 张竞琼、宋倩:《苏南水乡妇女服饰中的镶滚工艺》,《天津工业大学学报》2009年第2期。

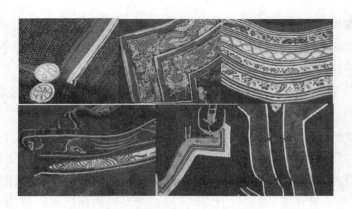

图 2-78   畲族各地镶绲工艺细节
（笔者 2011 年、2012 年拍摄整理）

上刺绣各种装饰图案，在一些荷包、花鞋、童帽、肚兜等相关服饰品上也用精致的刺绣进行装饰，并表达对生活的美好憧憬。这些刺绣配色绚丽、题材广泛、种类繁多，是畲族人民勤劳智慧的结晶，题材大多来自自然生活、民族传说、历史神话等，图案的构成形式多样，有单独纹样、角隅纹样、二方连续等，表现内容有几何、花卉、凤鸟、人物故事四大类。和汉族服饰绣工多由家庭中的女子完成不同，畲族服饰上大量繁复的刺绣很大部分是由专门的刺绣师傅完成的，且刺绣师傅大多为男子。这或许和畲族的家庭结构与社会分工有关。畲族家庭男女共同劳动，实行一夫一妻制，女性地位相对较高，在婚姻结构中可以女嫁男也可以男嫁女，双方独子的可以"做两头家"，男方到女方落户。女子"常荷锄跣足而行以助力作"①，畲族女子历来就肩负着和男子同样的劳动工作，同时也具备相对较高的地位，这些因素导致畲女不像汉族女子一样深藏闺房，埋头绣工，她们背负锄头走向田间和男子一样劳作的时候就决定了畲族服饰中大量的绣工需要专职人员来完成②。

畲族服饰上的刺绣针法多样但并不复杂，善于以简单针法表现丰富的色彩变化，以平绣、补绣居多。闽东一带衣领边缘的马牙纹就是通过最简

---

① （清）傅恒等：《皇清职贡图》卷 3，辽沈书社 1991 年影印本，第 259—260 页、第 263 页。

② 福鼎一带有专门的刺绣师傅，但各地风俗不尽相同，也有家中女子进行刺绣的，现在多由机绣完成。

单的针法表现领口饰边（图 2 - 79），这种马牙纹是畲族常用的一种几何
装饰纹样，在其他畲区也有称其为虎牙纹或犬牙纹的。畲族服饰刺绣中还
喜欢通过不同针法表现相应的图案，如以长短针绣法表现色彩的渐变参差
效果，以盘梗绣或锁链绣表现线条感及枝叶花茎，以缎纹绣来表现图案的
整体块面感。

　　此外，补绣也是畲族服饰中常用的手法，罗源式女装拦腰中大片的云
纹图案就是通过补绣来形成的，且白色底布和补绣的红色花布之间形成正
负形的云纹效果，和图案设计中图底互换手法有异曲同工之妙。补绣时多
选用对比强烈的色布，以形成绚丽多彩的视觉效果（图 2 - 80）。在一些
童帽、围嘴和肚兜等服饰品中也常通过不同色彩、图案的补绣来表现色彩
差异和较大面积的图案，尤其在童帽的虎头帽中通过红、黑、白等撞色补
绣将稚拙可爱的老虎形象表现得活灵活现，虎头虎脑的畲族孩童戴上更加
显得憨态可掬。畲族服饰中十字绣所见不多，在服装上运用的尚未见，所
见的几件十字绣绣品都是儿童用品，图案精美，以八角花等几何图案为
主，也有表现雉鸡、花卉等题材的，针法细腻、工整，件件皆属精品。图
2 - 81 所示为笔者田野调查中所见畲族服饰品上的刺绣，从左向右依次
为：十字绣、补绣、平绣和盘梗绣。

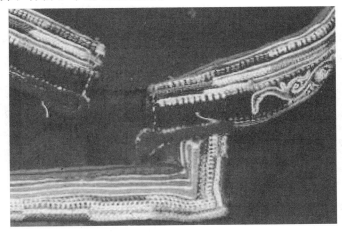

图 2 - 79　马牙纹刺绣

（笔者 2011 年摄于宁德）

　　除此之外，畲族中一些富裕的人家在荷包、桌围、床帏等装饰品上还
常用夹杂金线的彩绣增添绣品的富贵华丽感，金线通过盘梗绣表现荷花或

图2-80　云纹补绣

（笔者2011年摄于罗源县博物馆）

图2-81　畲族服饰品上的刺绣

（阮晓东藏，笔者2011年摄于上金贝村）

藤蔓类植物的茎，结合平绣展现花朵，使图案颇具生动感和立体感；有的还通过金线勾勒图案的边缘来增添闪烁的光彩（图2-82）。

 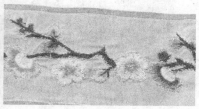

图2-82　夹杂金线的绣品

（阮晓东藏，笔者2011年摄于上金贝村）

第三章

浙闽地区畲族服饰形制外观比较

第一节　服饰形制比较

一　相似性

　　毫无疑问，浙闽地区畲族服饰性质上存在诸多相似的地方。男子服饰在历史上均为"椎髻跣足，不巾不帽"，由于两地男子服饰受汉族男子服饰影响较大，都为圆领右衽大襟，劳作时为短衫长裤，礼服或正装为长衫。浙闽两地的宗教祭祀服饰中，祭祀巫舞"奶娘踩罡"起源于对陈靖姑女神形象的崇拜，而陈靖姑为福建一带敬仰的民间俗神形象，浙南丽水、景宁一带也有这种活动，并通过"上刀山"、"炼火"等形式来祈福避灾，由于这种沿袭性，两地宗教祭祀服饰形制基本相同。

　　对于畲族日常女子服饰而言，虽然浙闽两地存在很明显的外观差异，但两地服饰仍然保持着以凤凰装为代表的祖先崇拜痕迹，服饰形制虽然在具体的细节上各具特色，但均以蓝黑色麻布或棉布为服装主料，衣衫均为右衽大襟，上衣领口、大襟等边缘处多花边装饰，同时在上衣外面均系有拦腰，正因为有拦腰的固定搭配，上衣的底摆长期掩藏在拦腰下，故无装饰。这种上衣、下裤（裙）中拦腰的搭配成为浙闽两地畲族共同的服装组合形式。绑腿是两地畲民共同的服装配件，虽然景宁一带的畲族受现代汉族服饰的影响，现在绑腿应用较少，但在诸多史料记载、畲民记忆和演出服饰中，绑腿仍是当地服饰中的重要配件。浙闽两地畲族服饰中装饰手法和工艺特征也有诸多相似之处，镶缒、刺绣等装饰工艺均深受畲民喜爱，且彩带是贯穿各地的一种畲族妇女手工艺品，不仅会织，而且在服饰上多用于固定拦腰和绑腿。

综上所述，浙闽畲族服饰的共同之处在于：

首先，共同的盘瓠祖先信仰下产生的服装形制上的统一性，无论细节如何变化，畲族上衣尤其是领边和大襟边缘均有边饰，上衣外搭配拦腰的穿着方式以及腰部系扎彩带且带尾下垂的特征，符合史书上对于盘瓠后代"制裁皆有尾形"的描述。此外，各地女子皆有佩戴凤冠的习俗也是对始祖婆凤凰嫁衣传说的继承。

其次，历史上和经济上的一些原因形成了各地畲族服饰用料的一致性及色彩搭配上的相似性，服装主体部分衣尚青蓝，装饰多以大红、玫红色调为主，和蓝黑色服饰本料形成反差和对比。

再次，各地畲族服饰装饰工艺具有一定的相似性，虽然刺绣和镶绲工艺同属汉文化中服装装饰的重要手段，其在畲族服饰中的盛行不排除畲汉文化交融的影响因素，但刺绣图案的一些题材带有明显的山地生活痕迹，多层多色重复镶绲的形式也独具特色。彩带编织工艺是各地畲族共有的传统工艺，浙闽各地在彩带的字符织纹上具有高度的统一性，一方面可能与彩带工艺的局限性有关，另一方面也由于彩带体积小、实用性极强，虽历经迁徙仍在一代代口手相传的同时承载着民族的记忆。

二　差异性

虽然源出同族，但由于长期的迁徙以及和周边民族杂居的影响，浙闽两地畲族服饰存在显著的差异性。男装受汉族影响形制皆与汉同，这种差异主要体现在女子服饰上，具体表现为领部至大襟的装饰造型和头饰外观变化：

首先，上衣开襟和领口的具体形制不同。罗源式衣领为无纽交领，其余各式均为立领有纽，领圈开口窄小，实际穿着时领口多敞开不扣。领座高度不一，福安式领座最矮小，霞浦式居中，福鼎式约为福安式的2倍，福鼎式在领口饰有两颗红绿毛线制成的"杨梅球"。景宁和福安的服斗大襟为上抬式，即自领口平行向右延伸12—15厘米，再下行至侧缝，转折处2粒扣固定，但福安式大襟几乎成直角，景宁式则较为圆顺，弧线向下至侧缝；霞浦和福鼎为下凹式，即从领口直接下凹弧线至侧缝，故较前两者在门襟处少2粒纽扣。

其次，花边装饰的面积和多寡不同。镶绲工艺的运用程度由浅至深依次为：罗源最盛，福安、景宁次之，霞浦更次之，用在胸口大襟边及服斗多层绣花带的间隔处，以刺绣见长的福鼎最末，仅在领圈和部分大襟边口处有极细的绲边，装饰效果甚微。服饰刺绣应用多寡以福鼎刺绣面积最大，图案最丰富，霞浦次之，罗源的刺绣面积虽小，但结合云纹补花和花边，显得最为华丽，福安较少、景宁最少。花边镶嵌为罗源装最有特征和代表性的装饰手法，因其使用简单为广大畲族人民所喜爱，在现代畲族服饰中大量使用，如景宁的现代畲装在领口、袖口大量镶嵌机织花边，但由于使用手法简单，缺乏特色，装饰效果和辨识度远不如罗源装。

再次，凤冠的样式及佩戴习惯不同。福安、霞浦的凤冠式样相似，面前均有银片"圣疏"遮面，罗源凤冠制式和景宁凤冠最为接近，也与史料中记载的形象最吻合，福鼎式凤冠简化程度最高。两省凤冠佩戴习俗差异显著：景宁凤冠自结婚之日始戴，为日常头饰；福建畲女平日梳凤凰髻，凤冠为结婚时新娘的装束。两地的凤冠均可作为去世后入殓的冠戴。第四，拦腰的装饰细节不同。景宁式最简单，黑色麻质素面配大红腰头；福安式较简洁，裙面上方绣对称的花篮或盆花；霞浦式较福安式略复杂，花盆或花篮位置和福安相同，但绣花更饱满繁复，两边各3个褶，一些精致的拦腰还在左右侧边和上缘增加绣花装饰；福鼎式在图案装饰上较简洁，但裙面分大小双层；罗源式拦腰装饰最为繁复华丽，有大朵的云纹角隅图案和花鸟刺绣。各地装饰对比如表3-1、表3-2所示：

表3-1　　　　浙闽畲族女子服饰特征对照表（笔者根据资料制作，图片来源详见文中相应章节）

名称	流行地区	款式特点	大襟造型	冠髻特点
景宁式	浙江景宁、丽水、云和、温州一带	右衽圆领大襟，大襟的花边装饰超过前中心线至左颈侧下方，成一小直角。拦腰素面麻布，红色腰头，两端系以自织彩带。		珠饰缀挂型，以竹筒裹红布立于头顶，珠饰成串系于额前及两鬓，末端缀银牌、银质牙签、挖耳勺等小物及银笄。

续表

名称	流行地区	款式特点	大襟造型	冠髻特点
福安式	福安、宁德大部分地区	右衽圆领大襟，后片略长于前片，领口大襟镶窄边，领座低矮，服斗近侧缝处有一三角（缺一角）绣花。拦腰左右上方绣对称团式花卉，两端系彩带。		平日为绒绳缠绕型发髻，新娘戴凤冠，挂银牌缀五色珠。
霞浦式	霞浦县西、南、中部和东部畲村以及福安东部地区	右衽圆领大襟，前后片同长，可以两面翻穿。领座较福安高，服斗有精致绣花，呈带状分组。拦腰左右对称打褶，裙面两侧及上侧边有层叠绣花带，两端系彩带。		平日为绒绳缠绕型发髻，新娘戴凤冠，饰有银牌。
罗源式	福建罗源、连江和宁德南部飞鸾一带	右衽交领大襟，肩领部和袖口多层花边和"捆只颜"镶嵌，拦腰有云朵形分割和绣花，蓝印花布宽腰带，腰带两端饰有花边和流苏。		平日为绒绳缠绕型发髻，新娘戴凤冠，饰有红布及珠串。
福鼎式	福鼎和霞浦部分地区	右衽圆领大襟，复式双层领，领座较高，领口两粒"杨梅球"，服斗绣花精致，面积略大于霞浦式，腋下两条红色飘带，宽寸许，长尺余。拦腰为大小两层裙面，小裙面为红色或绿色缎面，两端系彩带。		平日为绒绳缠绕型发髻，新娘戴凤冠。

表3-2　　　　　浙闽典型畲族服饰样式对比图（笔者绘制整理）

名称	上衣款式	拦腰款式
景宁式		
福安式		
霞浦式		
罗源式		

续表

名称	上衣款式	拦腰款式
福鼎式	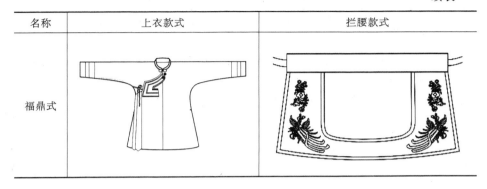	

三　脉络相承性

（一）服装的演进脉络

民族服饰以非文本的方式记录着本民族的历史变迁、社会经济和文化习俗，随着族群的迁徙、时间的推移以及民族的发展和融合，服饰样式也会随之发生变化。民族迁徙脉络在对浙闽两地畲族服饰建立连贯、系统的研究中起着重要的作用，民族迁徙脉络影响着民族服饰样式的演变，民族服饰样式的变化又从另一个角度印证了民族迁徙的路径。当初粤、闽、赣交界的畲族先民们所穿服饰已不可考，但根据文献记录以及当代实地考察所见的畲族服饰，可以清晰地看到浙闽畲族传统服饰所存在的异同：罗源、福安、霞浦、福鼎和景宁几地的传统服饰各具特色，也是目前为大众熟知的几种式样，它们之间既有一定的相似性又具有各自的地域特色，这与畲族传统的耕猎徙居的生产生活方式有一定的关系。

根据畲族由闽入浙的历史迁徙轨迹，笔者绘制了一份浙闽畲族迁徙地图（见图 3 - 1），虚线部分为回迁走向。根据图中地理位置可以发现，福安、霞浦、福鼎、景宁四地处于闽东浙南交界的山区一带，正是形成服饰分流的主要地区。畲族由福安一带分两路入浙后，一支一路向北迁徙，另一支迁往苍南的畲族经过发展后一部分回迁入闽东福鼎、霞浦一带，一部分继续留在浙南并逐渐发展至平阳、温州一带。结合民族迁移脉络和畲族服饰的几种典型式样来看，罗源、福安、霞浦、福鼎和景宁几处恰好处于民族迁徙路径中由闽入浙的几个重要节点上，其服饰也正是畲族服饰中最具典型性和代表性的几种样式。由此可以大胆推测：迁徙脉络和服饰样式

两者之间存在一定的关联性。在畲族先民漫长的迁徙过程中，迁入地的服饰源自迁出地，而后又由于经济发展和社会生活的不同，以及与当地其他居民的交互影响而各自产生变异与演化，乃至分化为同源异貌的不同样式。由罗源至景宁一带短短两百余公里的迁徙路途上形成了今天颇具代表性的五种畲族服饰式样，这一路段是畲族服饰形成多样化分支的重要地点。往前追溯至闽北顺昌的畲族服装式样普通，唯头饰较有特色；景宁以后扩散至浙中、浙北各地的畲族服饰基本维持景宁式样。

图 3－1　畲族由闽入浙迁徙路线示意图

（笔者绘制）

根据前文对服饰形制上的异同分析，再结合历史上畲族在浙闽之间迁徙的路径，我们可以发现：自连江、罗源始，到福安，向东入霞浦，进而北上自福鼎进入苍南、平阳，是一条畲民历史上由闽入浙的迁徙路线，

而从罗源到福安，一路向北，再到景宁、云和、丽水是畲民迁徙历史上第二条由闽入浙的迁徙路线。在这两条路线上，贯穿着本书着重研究的几种颇具代表性的畲族服饰式样：罗源式、福安式、霞浦式、福鼎式和景宁式。这使得畲族服饰由罗源式为起点至景宁式为终点，途经福安、霞浦、福鼎和泰顺，存在一脉相承的连贯性。

反观各地服饰式样，福安至景宁北迁一线都保持上拱式大襟，服饰边缘以绲边装饰，绣花较少，拦腰式样也较为朴素；福安至霞浦、福鼎西迁再北上的一线，在福安式上衣的基础上增加服斗处的绣花，发饰也从福安的盘匣式，到霞浦的上下双髻，再到福鼎的脑后大盘髻，逐渐简化。同时，苍南地区部分畲族的回迁又导致了这一带服饰之间的相互交融和相互影响。

特别需要指出的是，胡先骕在《浙江温州处州间土民畲客述略》一文中记录"妇女之衣，喜沿领襟用彩线花绣作缘。平阳风俗，未嫁者领缘之下钉以彩线，扎成两小花球，已嫁者去之，今则已嫁者亦每不去其球矣"①。其描述与福鼎畲族女性上衣相同，究其原因，这一地区的畲民在历史上有部分回迁至福鼎、霞浦，现今温州苍南一带畲族服饰式样最为复杂，也和此因素有关。当地部分畲民历史上与福鼎一带有回迁互动，另有部分畲民自景宁迁入。所以，一部分畲民衣着与福鼎式极为相似，另有一部分畲民服饰与景宁式相同。现今，苍南凤阳乡畲族服饰服斗绣花面积比福鼎式更大，占据整个右片直至腰头位置，腋下有飘带且同为双层裙面拦腰，但头饰为圆底无檐尖顶帽，帽檐一圈流苏；温州市苍南县岱岭民族乡富源村的服装与头饰则兼具福鼎式与景宁式的特色。

结合畲族历史上的迁徙路线，对福建罗源到浙江景宁、苍南的畲族服饰整体形象变迁归纳如图 3 - 2 所示，箭头代表的是历史上由闽入浙的迁移路线，从中可以清晰地看到整体服饰最为朴素的是福安装，从霞浦至福鼎装逐渐在大襟处有大量绣花，直至浙南温州苍南一带恢复了罗源装的华丽，但样式和色彩搭配已有较大改变；景宁装服装式样简单但头饰较好地保持了传统样式（罗源新娘凤冠样式）。

笔者对田野调查中收集的五种畲族服饰典型样式进行整理，发现沿着

---

① 胡先骕：《浙江温州处州间土民畲客述略》，转引自张大为等编《胡先骕文存》（上），江西高校出版社 1995 年版，第 96 页。

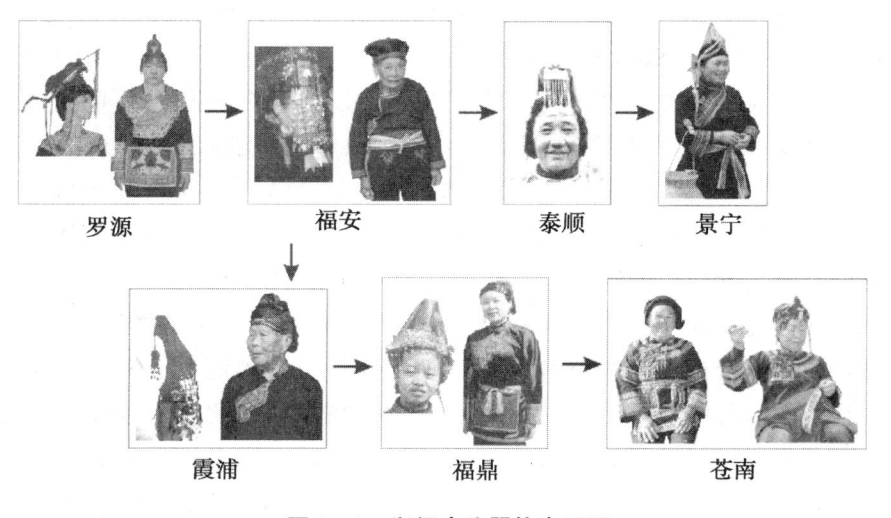

罗源　　　　福安　　　　泰顺　　　　景宁

霞浦　　　　福鼎　　　　苍南

图 3 - 2　浙闽畲族服饰变迁图

（笔者整理制作）

畲族历史上的民族迁徙路径，其服装装饰风格产生了花边装饰和绣花装饰两种主要风格。以服装中最能表现样式特征的门襟为例进行比对分析，将罗源、福安、霞浦、福鼎、景宁五种样式的门襟平面图按照历史迁徙路线排列，可以看出作为起点的罗源式门襟兼有花边和绣花两种装饰，但花边装饰的面积和重要程度强于绣花装饰。在服饰变迁的过程中以福安为节点形成景宁路和福鼎路两种线路，景宁路保持了罗源式的门襟镶边装饰，简化门襟的绣花装饰，最终形成今日景宁地区花边衫（兰观衫）的特征；而福鼎路则简化了花边装饰，由霞浦至福鼎逐渐形成繁复精致的门襟绣花装饰。福安式处于两种变化的分支节点，既保持了花边装饰，又延续了绣花装饰工艺，但两者都较为简单，形成了朴素大方的服饰风格。

（二）头饰的继承演进脉络

浙闽畲族头饰存在着较大的差异，据史料记载，畲族女子发饰多为竹冠裹布，珠饰累累，而现代仅浙江畲族仍保留珠饰凤冠，福建各地仅在新娘装束时采用竹冠为骨，裹有红布，带有珠饰的凤冠，平日则以红绳缠绕发髻为饰。《侯官乡土志》（中国旧县名，大致为现今的福建省福州市区和闽侯县的一部分）记载畲族女子"高髻垂缨"[①]，清光绪年间的《福安

---

①　光绪《侯官县乡土志》卷 5《人类和地形略》。

县志》记载"妇人高髻蒙布，加饰如璎珞状"①，《处州府志》（丽水）记："冬夏以花布裹头，巾为竹冠，缀以石珠，妇人皆然"②。清同治《景宁县志》："断竹为冠，裹以布，布斑斑，饰以珠，珠累累"③，可见清末时期，浙闽各地畲族妇女主要以竹冠珠饰为头饰。福建永定巫宜耀《三瑶曲》赞叹畲女："家家新样草珠轻，璎珞妆来别有情"④。永定在闽粤交界处，靠近漳州，其对畲族女性的描述应该是畲民由粤入闽时期的写照，依此可以判断畲族初入福建时期头饰亦为珠冠璎珞式样。

随着畲民的逐渐迁徙，畲族的分布由罗源至福安，再由福安分两路至浙江境内。沿着这个迁徙路径，可以发现畲族妇女的冠戴逐渐发生了变化：福建境内的畲族凤冠由平时佩戴改为新婚佩戴和死后入殓做寿衣冠戴，平日则以红绳缠发梳成发髻；而景宁畲族凤冠则自结婚之日开始佩戴，平时及节庆均佩戴，亦做入殓时寿衣冠戴。福建这种新婚和殡葬服饰采用凤冠盛装而平日着简装的习俗并非历史沿袭下来的，"各地畲族都传说，在清朝时，妇女婚后所着服饰仍是婚礼上所穿的式样，所以凤冠天天戴"⑤，从文献记载情况来看，对于各地畲族头饰的描述较为一致，也符合这种情况，这一改变的原因主要是头戴高耸的凤冠，珠串飘垂两鬓，很不适应上山下地的劳作生活，遂逐渐朝着实用化方向发展为平时梳凤凰髻以区别民族身份。

将各地凤冠进行比较可以发现，罗源的凤冠（新娘冠戴）与景宁、丽水的式样最为接近，景宁式珠饰尾端璎珞改为银挂件，丽水的则保持了右侧发髻斜插的璎珞（见图3-3）。温州平阳、苍南地区的畲女头饰为珠冠，"取径寸许长二三寸之竹筒，裹以赭色柳条布，镶之以银，筒后又饰以长尺余阔一寸五分之红布。筒之两端，悬以长二尺许绿豆大白蓝绿色之石珠串。……在景宁则珠冠为日常所戴，在平阳则仅嫁时一戴耳"⑥。从这段记载中可以清晰地看出浙南凤冠与罗源式凤冠的一脉相承关系（见图

① 光绪《福安县志》卷38《杂记》。
② 光绪《处州府志》卷29《艺文志中·文编三》。
③ 同治《景宁县志》卷12《风土·附畲民》。
④ （清）杨澜：《临汀汇考》卷3《风俗考·畲民附》，清道光刻本。
⑤ 潘宏立：《福建畲族服饰研究》，硕士学位论文，厦门大学1985年，第102页。
⑥ 胡先骕：《浙江温州处州间土民畲客述略》，转引自张大为等编《胡先骕文存》（上），江西高校出版社1995年版，第96页。

图 3 - 3　畲族头饰比较：左为佩戴头饰的景宁妇女，右为丽水畲族妇女

3 - 4、图 3 - 5），平阳一带对凤冠的佩戴习俗与福建相仿，这种习俗上的

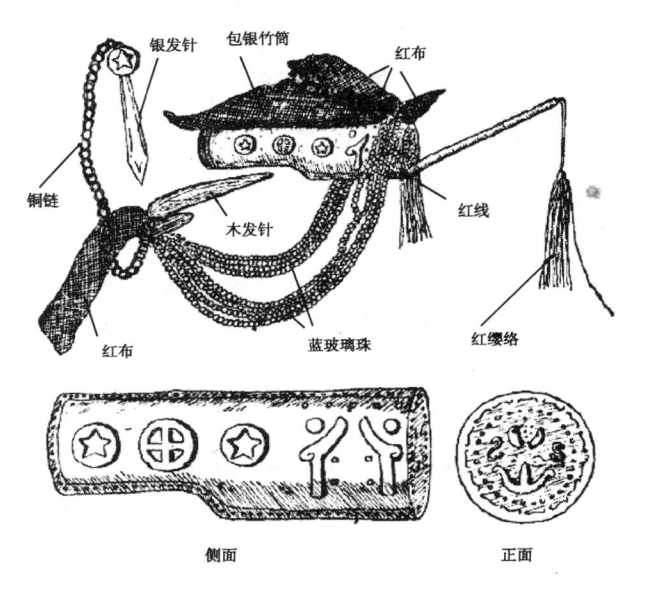

图 3 - 4　罗源凤冠各部分说明图

（凌纯声作）

相似性很可能是由于这一区域地理位置上与福鼎相距甚近，且历史上有迁入与回迁的原因造成习俗上的相互影响。浙江畲族对凤冠习俗保持得较好的原因可能是由于他们自福建辗转迁徙而至浙南，反而在心理上造成一种固守传统的心态，故在罗源式凤冠的基础上，将竹冠缩小简化至头顶，珠饰也缩在耳侧，对日常生活的影响降至最低。浙北畲族由于是从景宁分迁而至，故保留了景宁的服饰习俗。

综上所述，浙闽地区的畲族女子服饰虽然各具特色，但存在明显的一

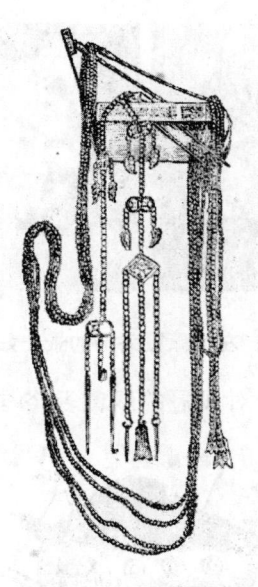

图 3 - 5 　景宁凤冠图

（史图博作）

脉相承性，这种一脉相承性表现在服装式样的渐进式演化以及头饰的形制和佩戴习俗上，借助畲族在闽东浙南山区的迁徙路线可以更加清晰地呈现出这种脉络关系。

第二节　服饰工艺比较

一　工艺上的共性

浙闽地区的畲族服饰虽然形制各异，但在服饰工艺上仍保留有鲜明的共同性，这种共同性主要表现为各地畲族均保存下传统的彩带工艺，彩色绣花装饰和银器錾刻工艺。

不论是福建地区还是浙江地区的畲族妇女都保留着编织彩带的传统工艺，并且将彩带织带用于固定拦腰，当作系带使用。同时，对于适婚的青年男女，彩带还被赋予传递爱意、寄托情思的作用。在彩带的编织工艺上，保持着一致性，统一经过整经、提综、上机、织带、织纹几个步骤（图片详见图 2 - 75）。由于制作工艺过程的一致性，图案也具有高度的同一性，最后形成的图案多以几何纹为主，除了犬牙纹、鸟纹外，文字形的提花图案是浙闽畲族彩带的突出共性。

作为传统服饰装饰手段中最为常见的一种，彩绣也被大量运用于畲族妇女服饰、服饰配件（肚兜、香囊、花鞋）和儿童服饰用品上。畲族服饰上的彩绣针法多样，多以参差绣、辫绣、十字绣、贴布绣为主，用色艳丽大胆，题材多取自畲民日常生活所见的花草植物、吉祥动物和传说戏文。彩绣的装饰部位以服装上衣的领口、大襟处为主。

此外，银器饰品上喜用錾刻形成装饰图案。不论是景宁、罗源凤冠上凤头、凤身部分的银片，还是福安地区新娘凤冠上的"圣疏"银片，甚至畲族妇女日常发髻上的银簪子，上面的装饰工艺都是錾刻。通过细密而有秩的錾刻点形成象征夫妻和睦的双人图案或鱼形图案，及寓意喜庆吉祥的凤凰牡丹纹样。

由于浙闽各地的畲族存在一脉相承的民族共性，在漫长的民族迁徙过程中，对于居住环境的选择亦有一定的共同性，都选择重峦叠嶂的山地进行耕猎，从而使得生产生活方式也存在一致性，在这些因素综合影响下，使得浙闽各地的畲族保存了民族共同的审美偏好和族源崇拜，最终形成了服饰工艺上的共同性。

二　各地服饰工艺的特殊性

尽管在族源影响等综合因素下，浙闽畲族保持了一些相似的传统工艺，但是由于经济发展、生活水平和风俗演化等多样的因素，各地畲族服饰分支在工艺处理上呈现出鲜明的工艺个性。

罗源地区的畲族服饰偏好镶绲饰边（当地称"捆只颜"）和贴布绣，同时服饰极为绚丽多彩，彩绣也喜用艳丽的色彩，图案以块面式满铺为主。这种服饰工艺喜好给服饰带来了华丽的效果，特征鲜明，观之印象深刻，难以忘怀，也使得罗源式服饰成为畲族服饰的突出代表服饰。

福安、霞浦地区主要的服饰装饰工艺为彩绣。福安地区的服饰简单、朴素，绣花面积少，花型细密、简单。在领口胸襟处等服饰边缘地带喜用五彩马牙纹进行装饰。而霞浦地区的绣工明显较为繁复，喜欢通过层叠的边缘装饰来增加服饰的华丽度，通过门襟处花边的层次多少来表现服装的隆重程度，俗称"一红衣"、"二红衣"和"三红衣"。福鼎地区的服饰装饰也以彩绣为主，领口的绒线球（即当地人俗称"杨梅球"）工艺最具地方特色，绒球以红绿色为主，和服饰领口、胸襟处绣花遥相呼应，别具情趣。景宁地区的服饰较为简单，绣花运用较少，服饰以镶拼彩条为主要装饰，彩条主要在上衣的领圈、胸襟处，层次、宽窄不一，俗称"兰观衫"或"花边衫"。景宁地区服饰上彩绣多用于儿童服饰用品和香囊、绣鞋上进行装饰。

可见，福建地区的服饰工艺较为重视彩绣，各地虽然彩绣面积、繁复程度不同，但多少皆有刺绣装饰；浙江地区的服饰则在形制上保留了传统样式，但是成年女子服饰装饰上已经很少使用彩绣，通过镶拼彩条达到装饰的目的，从这点来看，浙闽两地的畲族妇女服饰装饰工艺还是具有显著的差异。

第三节　浙闽畲族服饰异同成因分析

一　文化认同与民族归属导致的统一

浙闽两地畲族一脉相承，同根同源，在民族文化认同和民族属性上毫无疑问地存在同一性，这种同一性直接导致民族观念、祖先传说、生活习俗等各方面的一致。而服饰是根植于文化土壤的外在物化表现，服饰上由于相同的民族记忆所表现出来的符号性也表现出一致性。两地畲族在民族文化认同上具有较高的一致性，主要表现在对始祖传说、宗族祭祀、重大节庆和信仰上。

各地畲族一致认盘瓠为祖，认广东潮州凤凰山为祖地、对于民族的迁徙、历史发展则通过《高皇歌》这种类似于民族史诗的歌谣进行传唱，以及在漫长的发展过程中由犬图腾进而发展为对凤凰的崇拜等。后汉书记载盘瓠"其文五色"①，后代"织绩木皮，染以草实"，形成"好五色衣服，制裁皆有尾形"，"衣裳斑斓"② 的服饰习俗。而畲族服饰传统中不论何地均衣尚青蓝，似乎与之不符。但深入分析畲民历史上长期以来的经济生活环境，可以发现畲民生活基本处于相对贫苦的条件，又穿梭于山地

---

① 《后汉书》卷86《南蛮传》，中华书局1965年版，第2830页。
② 同上书，第2829页。

间，男女皆耕作，"射猎其业，耕山而食"①，"随山散处，食尽一山则他徙"②，在动荡不稳的生活环境中难以耗费大量精力在织绣上。各地畲民在青蓝色服装上均有五色镶边、刺绣装饰，以领口和胸襟处的装饰为主要装饰，各地均有拦腰和腰带，腰带一般为白色间杂字符图案的自织彩带（亦有地区为自织布或蓝底白花布的宽腰带），腰带系扎后一般在前腹中心或后腰中心垂下一尺余长的带尾，末端饰有流苏，这被畲民视为一种对凤凰尾部的模仿，实则可能源自对其始祖盘瓠的崇拜，盘瓠实为五色犬，这个腰带尾部其实是对犬尾的模仿，后由于受汉文化及东夷凤鸟文化的影响，遂逐渐改为凤尾。而且各地彩带的形式、图案大同小异，保持了较高的一致性，且都起到腰带、绑腿带等系扎功能。此外，相同的民族归属感使畲民普遍认同祖辈流传下来的刀耕火种、耕山为食的生活，共同的山地生活使各地畲族服饰上有一定的共性，比如尽管各地服饰样式有差异，但都喜欢在小腿使用绑腿且多自织彩带。正是因为畲民需要在山岭间耕猎劳作，所以不穿长袍而选择绑腿，使行动便捷、保护小腿在劳动时少受蚊虫树枝伤害，而且能使长时间劳作下的小腿不易发胀。

《高皇歌》和《抚徭券牒》中均有对盘、雷、蓝、钟四大姓氏的描述，且由于历史上畲族流行族内通婚的婚姻习俗，导致千年流传至今，姓氏仍保持得相对稳定。除盘姓流落消亡外，各地畲族也基本由雷、蓝、钟三大姓氏构成，这使得各地畲族很容易就产生一种民族归属感。这种归属感又促进和加深了他们在文化上的认同，进而在服饰上通过一些固有的形制和符号体现出来。此外，正是由于这种民族凝聚力和文化认同感，一些远迁他地的畲族分支反而更加固守原始的民族文化中的某一部分以示不忘先祖，这也导致现今由闽东迁入的浙南畲族的凤冠特征更加符合历史资料中对畲族装束的描述。虽然由于迁徙及由地理阻隔形成的畲族服饰次文化圈使服装形制外观各异，但各次文化之间的共性非常鲜明，文化内涵相近或一致，存在着一脉相承的历史渊源。各地畲民在民族文化上的认同及由此产生的民族归属感正是导致畲族服饰保持相对统一的搭配形式、服饰配件和色彩基调的原因，从而保持服饰内涵和服饰文化的统一性。

---

① 万历《永春县志》卷3《风俗》。

② 嘉靖《惠州府志》卷14《外志》。

二 民族迁移与民族融合带来的变化

浙闽两地的畲族所处自然环境极为相似，均为山地林密、耕地紧缺的自然环境，相似地貌和自然环境决定了浙闽畲族服饰形制的统一性，而由于迁徙带来的服饰形制演变和差异则是基于此同一性上的外观装饰变化，这种变化是主要受到迁徙后与周边民族融合、聚居地之间的地理隔离隐私以及经济条件和审美习俗导致的装饰偏好所形成的服饰亚文化圈影响。

历史上畲族由于长期迁徙形成的游耕与狩猎生产生活模式，使得尽管浙闽各地的畲族聚居区都处在崇山峻岭之间，生存大环境基本一致的前提下，各散居地畲民生存的小环境不尽相同。前文在对自然地貌的阐述中可以看出闽东浙南一带均是山高岭深的自然环境，这些分迁后的畲民分支的地域之间有相当的距离和明显的地理障碍，这些障碍足以使各个迁居点的畲民也处在一个政治、经济、文化联系较为密切的文化圈内，他们和周边文化不断交融互通，但由于地理隔离、交通不便等因素而与本身的同源文化圈内的族民逐渐减少甚至中断联系，从而形成了包括服饰差异在内的具有地方特色的次文化圈。由于居住地境内高山成群，一些看似相隔不远的畲民聚居区之间其实存在着旧时人力难以跨越的障碍，如太姥山南脉在霞浦式服饰分布区域与福安式分布区域交界处形成一道天然屏障，霞浦式服装覆盖区域与福鼎式区域之间最近的直线距离不超过 10 公里，但有近千米高的玉山盘桓阻隔①，这种隔离在没有现代交通工具和发达的道路网的时代对两地文化圈起到了较强的隔离作用，畲民迁至这些地区后分别形成自己的服饰次文化特色。

畲族先民在长距离、长时间的迁徙过程中不可避免地需要与周边民族进行交流，畲族直至明末清初才稳定形成目前的杂散居分布状态，所以在漫长的族群迁徙历史中，畲族与周边各民族之间的互动给畲民经济文化生活带来不可忽视的影响。在浙闽畲族栖身的山脉周边，汉族是最多也最大的族群，畲族所处村落一般在山腰上，山脚下多为汉族的田地和村落，畲族在迁徙过程中受到汉文化影响最大。畲族在历次迁徙过程中尤其是由闽东迁往浙南的过程中，和汉族形成了相互依赖、密不可分的关系，畲民经常需要负薪挑担下山至汉族地区进行一些生活上的必需品的购置与交换，

---

① 潘宏立：《福建畲族服饰研究》，硕士学位论文，厦门大学 1985 年，第 56—57 页。

或者为汉族地主帮佣做工，这种经济生活的交融促使了服饰上的一些转变。经济上的交流融合首先是各族男子间的接触，所以首先发生变化的是男子服饰。在清末的各地方志记载中可以发现，当时畲民男子服饰就已经和汉族没有太大差异。世界各地的女子服饰作为民族文化的符号性代表，受外来文化影响较慢，对本民族文化因子保持得较为坚固。所以畲族女子服饰仍固守着传统的凤冠穿戴，上衣的基本款式也受汉族女子上衣影响，但在装饰细节和局部点缀上维持本民族特征。

所以，畲族历史上长期的民族迁徙使得服饰上在保持民族一贯性的基础上产生了诸多变异，这些变异是随着迁徙地周边的民族融合互动而逐渐产生的，有的地区对周边服饰文化接纳度高，有的地区接纳度低；有的地区吸收了其他民族的装饰工艺而改进本民族服饰，有的地区吸收了其他民族的局部细节来改进本民族服饰，最终导致了多样化的畲族服饰外观。

第四章

浙闽地区畲族服饰审美文化比较

第一节　浙闽地区畲族服饰审美比较

审美是人类掌握世界的一种特殊形式，指人与世界（社会和自然）形成一种无功利的、形象的和情感的关系状态①。审美是一种主观的心理活动，它受制于客观因素，审美主体所处的时代背景会对人们的评判标准起到很大的影响。每个时代或阶段，人们所处的环境，或多或少都会对审美观造成影响。在畲族服饰的审美中，畲民是审美的主体，他们既是服饰美的创造者，又是欣赏者，他们的宗教信仰、祖先崇拜以及所处的生活环境、时代背景都会对服饰的审美起到一定的影响。在这些因素影响下，他们会结合个人喜好，从造型的选择、色彩的搭配、图案的喜好和意蕴的表达上对本民族服饰进行美的塑造和选择，我们今天所见到的畲族传统服饰外观正是历代畲族先民一代代沉淀下来的民族审美观下的产物。

一　造型之美

浙闽畲族服饰在造型上有自己的民族特点，浙江、福建两省境内的畲族服饰在整体造型上由于同根同源的文化与族群认同，存在一定的共性，在局部造型上又由于民族迁徙与各自的分化发展而存在一定的地域特色。由于畲族男子服饰与汉族相同，故本书以女子服饰特征来分析其造型之美。

---

① 童庆炳主编：《文学理论教程（修订版）》，高等教育出版社 1998 年第 2 版，2000 年第 6 次印刷，第 65 页。

（一）整体造型的共性

对整体造型影响最直接的是民族始祖传说。由于各地畲族在对盘瓠始祖传说上的高度认同，对于盘瓠的崇拜也贯穿于服饰的整体。盘瓠乃高辛皇后耳中取出一条金龙所变龙犬，高辛皇帝赐名龙麒（期），号称盘瓠。故畲族历史上是以犬为图腾的。之后由于受汉文化中对犬形象态度的影响而引入凤凰崇拜，依托三公主嫁衣的传说认为其女装来自凤凰形象，但犬图腾在服饰整体造型上留下的印记是难以磨灭的。所以在整体造型上，两地畲族最典型的特征就是拟物——此处的"物"为动物，主要是对犬和凤的模拟。这两种动物在形态上具有一定的相似性，都是由头部、躯干和尾部构成的，所以经过服饰演化，对头部和尾部的解释具有一定的共通性。

畲族各地的女子装扮以凤凰为名，有凤首、凤身、凤尾的说法（旧时称狗头冠，对应为狗头、狗身、狗尾），这种传统的凤冠在景宁地区保持得较好，福建诸地出于劳作和日常生活便利等原因，仅在婚丧礼服中保留原始凤冠，平日则以凤凰髻代替。在服装上以绚烂的刺绣和花边形成对凤凰（或曰五彩龙犬）五彩身体的描摹。瑶族一些地区（如福安）的衣服大身前后片有明显的不等长设计，后裾明显长于前裾3—7厘米，畲民解释为祖先保留下来的习惯。依据潘宏立的观点，这很可能是对源于犬图腾下后裾略长盖住尾巴的传说。在各地畲族中拦腰作为一个始终保持下来的服饰配件，除罗源式的腰带是在后腰打结外，其他地方畲族腰带的打结方式都是两根侧带绕过后腰后在前中心处打结，且尾端加上流苏穗子，悬垂下来有尺余，主体色为白色的彩带在蓝黑色裙面的拦腰上显得尤为出挑。据《后汉书》对盘瓠后代服饰"制裁皆有尾形"的记载，这种腰带与福鼎式腋下留出的两条飘带都被认为是"尾形"的象征。而华丽的罗源装由于拦腰装饰繁复，腰带系于后中心，腰间蓝底白花，两端镶花边的腰带垂于后腰，更被认为是凤凰的五彩尾饰。

可见，在畲族女子服饰的整体造型上，犬图腾和凤凰崇拜的印记非常明显，凤凰崇拜应衍生自盘瓠传说中五彩龙麒的犬图腾，它们在服饰整体造型上表现为高耸的首冠、五彩的身体和下垂腰带象征的尾饰。不论何种式样，畲族女子服饰均遵循以上整体造型，体现出一种动物拟态之美（见图4-1）。

（二）局部造型的特性

畲族女装造型简单，以右衽大襟衫为上装，除罗源装为交领外，其余

图 4-1 畲族服饰造型之美

（宁德市民宗局资料图片）

均为立领大襟衫，为传统平面裁剪，连袖，领口和大襟处多有刺绣或镶边装饰，袖口多有相应装饰与之呼应，形成节奏感。除罗源式外，各地服饰中以蓝黑色为主，白色主调的腰带在前中心打结并垂下尾穗，形成 T 字形，随人体的活动而摇摆，非常醒目。

罗源式服装的装饰最为绚丽，以大量条状镶绲花边的重复拼接形成块面装饰。袖口、拦腰边缘的镶绲与肩领部进行呼应，由于大量的花边和镶绲使服装上相应的装饰部位硬挺，穿上身后能保持挺括的造型。腰带于背后打结，垂于尾部，既保持了正面装饰的统一性又丰富了背后的视觉效果，加上头顶高耸的凤冠，显得穿着者修长挺拔。福安式服装较为朴素，通过边缘镶边对款式结构进行强调，衣襟呈直角造型，右侧服斗靠近侧缝处的三角印上的绣花和拦腰左右上方的花篮绣花相互呼应，使整体风格简单但不单调。霞浦和福鼎的上衣胸襟线条下凹成弧线，胸襟处的绣花以动物、花鸟为主，造型质朴，非常出彩。景宁式虽然服装样式较为普通，但珠冠的造型秀美华丽，畲族女子在高挑的冠首和垂挂的珠串及璎珞点缀下别具民族风情。

二 色彩之美

（一）源出同宗，衣尚青蓝

各地畲族服饰皆喜用青蓝色或黑色，这种习俗源自畲民善于种菁。菁即靛蓝，是一种具有三千多年历史的还原染料。战国时期荀况的千古名句

"青，出于蓝而胜于蓝"就源于当时的染蓝技术。这里的"青"是指青色，"蓝"则指制取靛蓝的蓝草。明清时期开始，各地畲区不仅普及种菁制靛，而且技术上佳，量多质优，所种之菁用于染布，其色鲜艳，经久不褪，所以畲民地区对自种自染的靛蓝衣料应用相当普遍。另一方面，由于畲民大多从事耕猎活动，日常劳作非常辛苦，男女皆然，青蓝色的服饰经久耐脏，适合劳作时穿着。故而各地畲民不论男女均喜着青蓝色服装。蓝靛色彩丰富，《通志》曰"蓝三种：蓼蓝染绿；大蓝如芥，染碧；槐蓝如槐，染青，三蓝皆可作淀，色成胜母，故曰青出于蓝，而青于蓝"。以青蓝、青黑色为主调的畲族日常服饰看似朴实，配以月白或大红镶边，衬托出穿着者或淡雅，或奔放的形象，盛装时绚丽的刺绣和花边在蓝黑色服饰的基调下反衬得越发艳丽（见图4-2）。

图4-2　尚青蓝的畲族服饰

（左图笔者2009年摄于景宁蓝延兰家，右图笔者2011年摄于福建）

（二）五色斑斓，各不相同

各地畲族服饰上的用色崇尚五色斑斓，但随着用色部位、用色面积的不同，形成浓艳素雅各不相同的服色风格。

从整体色彩上来看，福安式和景宁式比较朴素淡雅，罗源式最为花哨绚丽，霞浦式和福鼎式整体大方沉稳，细节精致华美。畲族服饰不似绣工繁复装饰华丽的苗族女装，在动荡迁徙的民族发展历程中养成了畲族人民沉稳、朴实的性格，畲民服装以蓝黑色为本料，喜欢在边缘镶绲装饰和彩绣上使用红色布条和丝线，从而形成鲜明的色彩对比。比如福安式上衣的红色边缘绲边，肋下必镶嵌象征半枚金印的红布，精美的还在上面绣上凤鸟或花卉图案，老年妇女的亦有仅做简单的边缘装饰而不绣花鸟图案的。福安和景宁的拦腰腰头均为宽约2寸的大红色棉布。罗源装大量镶嵌的花边和"捆只颜"绲边也是以红、白为基调，由于花边间隔细腻，远观即形成视觉上的色彩空间混合效果，成为粉色调，衬托在底色为蓝黑色的服装本料和黑色短裙（短裤）上，大花配素黑的色彩搭配在华丽外平添一丝沉稳。霞浦和福鼎的衣襟绣花基本是以大红、玫红色图案为主，间或掺杂一些金黄、牙白、水绿色作调和，整体色彩感觉是在蓝黑色服装本料上凸显出红色的绣花块面。另外，凤冠上的色彩也是以红色为主，冠首裹以红布，珠饰则有白色、绿色、蓝色等多种颜色的"五色椒珠"。

可见，畲族女子服饰的主色为黑底红饰的基调，在诸如镶绲、刺绣等装饰细节上采用红色为主，夹杂五色斑斓的绚丽色彩，大红、玫红、水绿、靛蓝、牙白、金黄、鹅黄等色彩丰富了装饰的细节，与《后汉书》中所载盘瓠后代"好五色衣服"、"衣裳斑斓"的描述相吻合，服饰色彩鲜艳明朗，在大量运用对比色时采用白色勾边，黑色压底的配色手法，有时掺入金线作为装饰，无意中竟和现代色彩美学的配色原色相符。同时，暖色基调的各种边缘装饰与图案在青蓝色服装基底上形成强烈的反差与对比，体现了一种稳重、端庄的审美特点（见图4-3）。

图4-3　畲族服饰上的五色斑斓

（左图和中图笔者2011年摄于福建，右图为笔者根据福安装绘制）

三　图案之美

畲族服饰上有很多图案装饰，这些图案主要通过服装和饰品两个部分来呈现。服装上主要借助绣花和彩带编织工艺来表现，在饰品上则通过各种银簪、银笄和银牌、胸挂等饰品上的錾刻图案来表现。浙闽地区畲族服饰图案题材来源于日常生活、传说和戏剧故事，表现形式主要以刺绣、錾刻为主，按照图案表现的内容来分可以分为动物、植物、人物、几何和字符四大类别。其中动物图案中的龙凤图案是畲族服饰装饰图案中非常重要的部分。龙形图案主要来自畲族始祖盘瓠是高辛皇后耳中取出的金龙，化为五色龙犬，被赐名"龙麒"。凤鸟纹则源自由畲族始祖婆"三公主"及广东凤凰山祖地的传说和崇拜，亦受到汉文化龙凤吉祥寓意和东夷凤鸟崇拜的综合影响。由于族源崇拜的影响，龙凤图案在各地畲族服饰中被频繁使用，是绣花和银器上常见的装饰图案。

由于福建地区的服饰中绣花运用较浙江地区广泛、频繁，所以图案形式也较浙江地区更为多样和丰富，常见花鸟虫鱼、人物故事、几何文字等图案题材。浙江地区畲族服饰常服中绣花运用较少，图案主要以花鸟、几何文字为主。下面从图案题材入手，对畲族服饰常见图案进行分类论述。

（一）动物图案

动物图案是常见的服饰装饰图案，表现题材多为祥瑞动物。

1. 龙凤图案。

龙凤是畲族服饰中最常见的一种图案题材（见图 4 - 4），尤其是凤凰图案，这与畲族服装中源于始祖婆"三公主"的凤凰装有着直接的关系。正因为这种凤凰崇拜意识，在畲族女子服装的衣襟、领口、拦腰等装饰部位频繁出现凤凰的形象。龙纹的运用则多以某种固定的构图形式出现，比如和凤纹一起体现龙凤呈祥的寓意，或两条龙形成二龙戏珠的条状装饰，应用于领座部位。凤纹也经常和植物图案里的牡丹同时出现，表现富贵吉祥的寓意。由于畲族文化里并无龙图腾崇拜，始祖传说中盘瓠原为龙犬，但也并非纯粹的龙形。而凤凰崇拜是源自三公主嫁衣的典故，从收集到的资料来看，龙纹出现得较晚，且运用的频度和广度远不及凤纹。结合民族迁徙中畲汉文化交融的影响，这些龙凤呈祥、二龙戏珠的纹样应该是受到汉文化中龙凤图案的影响而产生的。虽然题材受到汉文化影响，但畲族服饰图案在表现形式上更加朴拙，尤其是凤凰形象的写实程度不高，而是加入了抽象、夸张的手法，形成拙中见巧的民族风格。凤纹除了在服装上经常出现，在畲族凤冠中象征凤身的银牌上也一般都錾刻有凤纹。

出于民族同源和祖先崇拜的缘故，以及各地畲汉交融的影响，龙凤图案是各地畲族服饰中出现频率较高的一类装饰图案，尤其是凤纹。值得注意的是，畲族服饰图案中对龙凤形象并非盲目的膜拜，其中不乏一些将龙凤和人物结合的表达形式，将得道的仙人形象和龙凤放在同等的地位，如天官或道士形象骑龙驾凤的图案（见图 4 - 11），表达了一种企盼求仙得道飞升的愿望。

图 4 - 4　畲族服饰中的龙凤图案

（笔者根据实物绘制，下同）

2. 其他动物图案。

龙凤图案乃是虚拟的瑞兽形象，畲族服饰中另有一些以生活中的动物为表现题材的图案（见图 4 -5），这些动物大都富有吉祥的寓意，和汉文

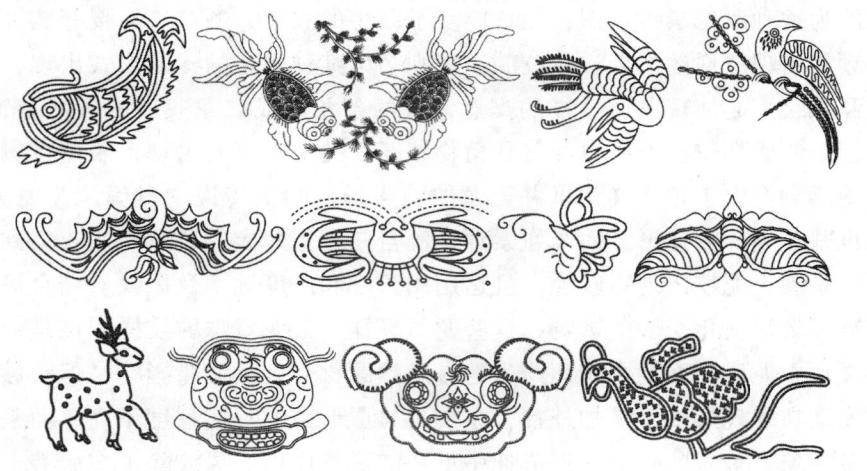

图 4 -5　畲族服饰中的动物图案（同上）

化中常用的吉祥图案基本一致，如鱼代表年年有余、仙鹤、鹿竹代表长寿、喜鹊蝙蝠代表"喜"和"福"、象征爱情和美好的蝴蝶等。和汉族民间喜好一样，畲族儿童用品，尤其是童帽上特别喜欢用贴布绣的虎头纹样，且虎耳都做成立体的，像帽子上长了两个耳朵，一方面可以体现孩童虎头虎脑的可爱，一方面也有辟邪保佑儿童健康成长的含义。

　　除此之外，还有一些独具畲族特色的动物，如雉鸡、松鼠等也是旧时服饰上喜用的装饰题材，根据畲民生活环境推测应该和常年的山地耕猎生活有关。但是在笔者对福鼎刺绣老师傅雷朝灏的交谈中得知，随着近年来畲民生活模式的改变以及外界审美意识的影响，鸡类形象已经不再受欢迎，松鼠的图案也很难见到。可见，生活环境的变迁对于服饰的影响是多方面的，服饰图案题材是直观反映民族生活环境的一面镜子，图案题材的变化也从一方面折射出生活方式的变化。

　　（二）植物图案

　　植物图案是服装中最常见的一种装饰题材，汉文化中喜用的象征高洁的梅兰松竹因其美好的寓意也常被使用（见图4-6），但单独运用的较少，梅花常和喜鹊组合出现，兰、松、竹图案则常与人物组合出现，兰花图案在外衣、拦腰上较少单独出现，仅单独运用在肚兜、荷包、帽子等配件上。

图4-6　畲族服饰中的梅兰松竹图案（同上）

　　植物图案中尤以牡丹图案最为常见（见图4-7），这也是和畲族崇凤文化相关，凤纹的大量运用决定了牡丹作为搭配形象频繁出现，在上衣服斗胸襟绣花处一般和凤纹组合运用。在福安式和霞浦式拦腰中，拦腰裙面左右上方所用绣花为花盆或花篮造型的团花，尤以福安为甚，霞浦式拦腰中亦有将花卉与人物故事图案结合的。在花卉种类中，除了牡丹外，以荷花最常见，荷花常伴有莲藕和莲蓬造型，在肚兜等贴身服饰上亦有石榴的图案。莲藕、石榴均象征多子，故多运用在女性贴身肚兜上（见图4-8）。

　　畲族服饰中还有很多组合花卉图案（见图4-9），将各式花卉或凤鸟纹一起组合成盆花或花篮的形式，装饰在衣襟和拦腰裙面上（主要是福建地区的拦腰裙面，浙江地区的拦腰多为素色，无图案）。拦腰上以单独纹样的形式为主，在衣襟上则根据布局需要进行变化，形成角隅纹样或适合

图4-7 畲族服饰中的牡丹图案（同上）

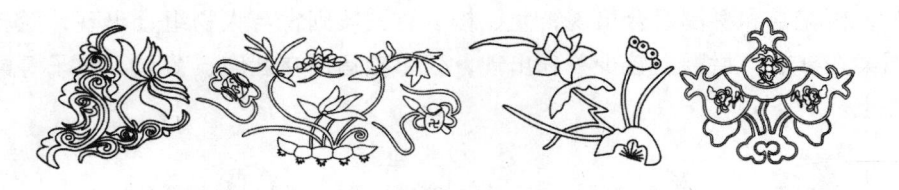

图4-8 畲族服饰中的藕荷图案与石榴图案（同上）

纹样。

图4-9 畲族服饰中的花篮组合图案（同上）

植物花卉图案还有一种最常见的运用方式，就是形成二方连续纹样对服装各个边口部位进行带状装饰。主要的构图骨架形式有波纹式和散点式两种，波纹式骨架除了简单的单波纹形式外还经常使用双波纹交叠的骨架形成复杂多变、生动而富有韵律感的图形。不同于汉族传统服饰纹样里求"全"避"破"的构图法则，畲族服饰纹样中散点式骨架构图时不拘泥于全幅图案的齐整性，常常截取图形的一个部分加以运用，多用于立领的领座图案或边缘装饰图案（见图4-10）。

（三）人物图案

人物图案是畲族服饰中较有特色的一种图案表现题材，表现的人物形

图 4 - 10　畲族服饰中的带状植物图案（同上）

象主要有仙道形象、文人场景和戏文故事几种类别（见图 4 - 11）。仙道
形象主要是骑着龙凤、麒麟等瑞兽的人物，有时亦会以道教八仙的形象为
刺绣图案或银器錾刻图案，包括暗八仙图案（道教图案，将八仙手持的八
件法器，即渔鼓、宝剑、花篮、笊篱、葫芦、扇子、阴阳板、横笛作为图
案，因只采用神仙所执器物，不直接出现仙人，故称暗八仙，道教宫观常
将这八件法器画成图案作为装饰）。文人场景则主要表现的是古代文人凭
栏赏花、童子烹茶等场景。戏文故事则通过刺绣来表现一些民间传说戏
文，比如白蛇传里断桥相会、祭塔救母等故事情节，福鼎式上衣胸襟绣花
还常以头戴戏冠，手舞绸带的戏台人物形象作为图案。人物图案是畲族服
饰装饰图案中较有特色的一个种类，除了刺绣的表现手法外，畲族童帽上
钉缀着浮雕人物图像的银牌作为装饰，畲族人民通过多样的人物图案表达
了对美好生活的憧憬。

图 4 - 11　畲族服饰中的人物故事图案（同上）

（四）几何字符图案

几何图案常见于服装的各个边缘修饰上，常通过刺绣工艺进行表现。
比如福安式服装中边缘常用的马牙纹、罗源式服装和拦腰上常用的山字纹、柳条纹等（见图4-12）。几何图案造型简洁、线条明快，装饰效果简单朴素，有时与花卉、人物图案组合使用，构成块面装饰，形成丰富、完整的视觉效果。

　　字符图案主要包括文字类和符号类两种图案形式。文字类图案主要出现在童帽上，表达一种美好的祈愿和祝福。由于畲族没有自己的文字，所以文字图案均是以汉字为表达媒介，常在帽子前额处彩绣"福如东海"、"福禄祯祥"等吉祥文字（见图4-12），包括前文所述童帽顶和纽扣上的"福"字、罗源装后领的"囍"字等。符号类图案则以道教的八卦符号和佛教的"卍"字符号为主要表现内容，尤以八卦图案应用得更为广泛，在童帽、肚兜、荷包等服饰品上常通过彩绣的形式表现，也有錾刻在银牌或胸挂上的。"卍"字图案有时将其四角延伸、转折，形成几何图案。字符图案中还有一种很重要的类别是彩带上的字符，皆由45°角交叉构成，由于在前文彩带工艺部分已经详细分析过这些字符的造型和含义，此处不再赘述。

图4-12　畲族服饰中的字符图案（同上）

四　意蕴之美

　　受长期与汉族群众杂居的影响，不论福建还是浙江的畲族服饰装饰，均受汉文化中吉祥文化的影响，通过一些常用的吉祥图案寄托畲族人民对未来美好生活的一种向往，同时结合本民族的图腾崇拜，表达了一种独特的意蕴之美。这种意蕴将畲族人民千年以来形成的民族风骨、情感和精神通过服饰的形式表达出来，通过吉祥图案表达对美的追求和憧憬，除了悦目之外还有"怡神怡情"的作用。虽然在吉祥图案的寓意上，受汉文化的影响比较明显，一些吉祥图案的题材和汉族传统图案相似，比如以凤凰牡丹寓意富贵红火，以松竹兰花表示清雅高洁，以松鹤鹿竹象征福寿绵长，以莲藕石榴象征多子，但在表现手法及形式语言的运用上畲族服饰更加奔放，图案造型质朴，线条生动，一些花卉和凤鸟的造型拙中见巧，表达了一种对自由和生命的热爱。此外，由于宗教信仰上受佛教和道教的浸染，还通过佛道常用的图形和服饰、冠戴来表达畲族人民崇神敬巫的民间信仰，比如佛教常用的宝莲、象征智慧与慈悲的"卍"字和道教的八卦、八仙图案成为畲族人民祈福避灾的一种精神寄托，常用于服饰图案装饰，而在祭祖服饰上则直接借用道教的服饰习俗。畲族服饰整体上构建的是一种衣服与人体的和谐之美，在服装与人体的关系上是贴合人体轮廓的，并无刻意的夸张或改变人体的结构、廓形。衣服的开襟、剪裁、结构等借鉴了汉族服饰，仅在边缘、服斗等处增加了装饰，从结构上来说体现的是一种顺应自然规则的朴素主义精神。

第二节　浙闽畲族服饰审美文化内涵分析

一　民族认同与祖先崇拜

民族服饰是民族文化的重要内容之一，是民族意识的物化表现，是"表现于共同文化上的共同心理素质"的最直接、最具体、最形象的特征[1]。畲族服饰首先表现出来的是对本民族的一种归属感、认同感和对祖先的崇拜。畲民在一年一度的会亲节常用这样一首畲歌来试探对方："高辛种竹南京来，公主带落广东栽；龙主亲手来培育，四行毛竹共个纬。"这里用"四行毛竹"来隐喻畲家四姓。而三公主作为畲族女性的代表，受到畲族世世代代的爱戴和崇拜。有一首叫《祖公婆歌》的畲族古歌歌颂三公主：你是丹凤迎赤霞，你是朝阳来变化，你比月亮更精华。三公主的传说甚至影响了畲族的民俗性格，决定了畲族妇女在族内的社会地位。历史上畲族比较普遍地保持着"入赘"（招亲）习俗，畲族婚嫁拜堂仪式上"男拜女不拜"的特有习俗，畲族妇女在家庭生活中占有重要的地位都与三公主的传说密切相关。各地畲族对于服饰样式的来源传说均表示为当年高辛帝所赐三公主的装扮，相传畲族始祖盘瓠王平番有功，被高辛帝

---

①　潘宏立：《福建畲族服饰研究》，硕士学位论文，厦门大学1985年，第3页。

招为驸马，以三公主下嫁。盘瓠与三公主成婚之时帝后娘娘赐给三公主一顶非常美丽的凤冠和镶嵌珠宝的嫁衣，以祝福她的生活像凤凰一样吉祥如意，婚后三公主生了三男一女，女儿长大成亲之时三公主也赐给她美丽的凤冠和嫁衣，此后畲族凡生下女儿都以此凤凰装为嫁衣，代代相传，始成民俗。很显然，服饰成为这种民族认同和祖先崇拜最直接的符号化表现，各地畲族也力图通过服饰来表达这种民族认同与祖先崇拜。例如服饰不论如何变化，凤冠、拦腰、花边衫的搭配始终不变，这是根植于心底的一种对盘瓠后代的自我认同。一些地方还将服饰上打上高辛帝相关的烙印，比如福安式服装中特有的三角形装饰，被认为是高辛皇帝留下的一半金印，又如福鼎式上衣右边近侧缝处大襟边缘的两条红色飘带，相传是当年高辛帝敕封的。这些服饰上的装饰细节都和共同的民族文化和祖先传说有关，只是随着迁徙而散居在各地的畲族人民在形成服饰次文化的时候，通过不同的形式表现在服饰上。

这种民族认同和祖先崇拜形成后，成为畲族在历次迁徙中固守的本民族精神武器，通过它来抵抗迁徙和散居生活中遇到的汉文化等外族文化的入侵，延缓本民族文化的涵化。另一方面，正是在这种文化坚守中又加固了本民族的文化认同，而最具直观性和形象性的服饰符号则成为民族文化自卫的最直接表达。所以各地畲族虽然历经迁徙，但服饰上仍固守着"制裁皆有尾形"、"好五色衣服"、"衣裳斑斓"的盘瓠后代传统。

二 崇尚自然与耕猎生活

各地畲族不论如何迁徙，基本生活环境都是在崇山峻岭之中，虽然散居在各地的畲族在清末基本定居下来，由游耕生活转变为定耕生活，但以农业为主，狩猎为辅的耕猎生活模式并未改变。在民族服饰形成和发展的过程中，虽然由于地域差异和文化发展的影响形成了不同的服饰次文化形态，但各个次文化圈内这种散居山林和耕猎生活模式基本相同，并由此产生了崇尚自然的服饰审美心理。这种审美心理表现在服饰上，呈现为以下特征：服装形制适应山地耕猎生活；装饰图案题材以自然中常见的动植物为主；除了龙凤麒麟等瑞兽外，多以花卉藤蔓、飞禽走兽等动植物形象为表现题材。服饰整体风格上表现为衣尚青蓝，喜用绑腿；蓝黑色的服装色彩因其耐脏、好打理，是最适宜常年农事劳作的服装面料色彩。霞浦式服装前后裾等长，有大小服斗便于翻穿的设计也从一个侧面反映出畲族群众的勤劳简朴：平日劳动时即以反面的蓝黑色素色为面，等到走亲戚做客时则将绣花装饰的正面穿在外面。各地畲族均喜用绑腿也是适应山地耕猎生活的表现，在常年的山间劳作中，绑腿可以对小腿起到一定的保护作用，而且在林间奔跑行走时也可以防止被树枝藤蔓划伤或钩绊跌倒，还能防止长时间行走而导致的小腿肿胀。在福建的一些畲族地区，短裤或短裙搭配绑腿的穿着习惯一直延续到 20 世纪 60 年代。花卉藤蔓和飞禽走兽则是畲族人民千年以来山地耕猎生活环境的真实写照，除了受汉文化影响下一些瑞兽和吉祥寓意的动植物题材，其中不乏一些具有山地耕猎生活特征的题材，比如松鼠、雉鸡、牛等。这种耕猎特征在畲族特有的彩带织纹中得到了最为明显的表现，我们可以看到大量与此相关的有寓意的字符图案，与自然环境相关的有："〜〜〜" 代表广野、"田" 代表田、"米" 代表山连山、"⌒⌒" 代表丘陵；与农垦相关的有："⅁" 代表树果、"▥" 代表收获、"✹" 代表麦穗、"⁕" 代表水源，"土" 代表土地；与狩猎相关的有："✕✕" 代表狩猎、"✕" 代表禽、"从" 代表动物等。

三　文化交融与宗教信仰

畲族民族发展过程中的不断迁徙伴随着与周边文化主要是汉文化的不断交融发展。虽然历史上畲汉之间有过一些武装冲突，但到了明清以后，随着畲族分布格局的逐渐形成，畲民逐渐由游耕转向定耕生活，这种民族间大规模的武装冲突渐趋缓和，民族交往逐渐增强，畲汉之间的经济、政治联系促进了文化的交流，也造成了占主流强势地位的汉文化对畲族文化的不断涵化。反映在服饰上，表现为服装基本款式的趋同性和装饰工艺手法及表现题材的相似性。各地畲族服饰中男子服饰和汉族服饰已经相同，就女子服饰来看，各地一致认为罗源装是保持最完好的畲族女子装束，而福安、霞浦、福鼎、景宁等地的服装虽然在具体样式和细节上各有特色，但上衣的基本样式和汉族的大襟衫相同，而罗源装上衣所保持的交领大襟式样也和汉族历史上深衣的开领方式相同。在服饰图案的表现题材上，除了山地耕猎环境中常见的动植物外，还有一些如荷花莲藕这种汉族常用，但并不常见于山地环境的植物，应该也是文化交融的产物。此外，汉文化中的一些民间传说、戏剧形式也常常出现在畲族服饰中，比如刺绣中出现的白蛇传等戏文的场景和身着戏服起舞的人物，甚至一些童帽的样式也和戏剧中舞台服饰的样式有相似之处。畲族自身的宗教信仰主要表现为祖灵崇拜，而这种祭祖活动中法师的穿戴和道教存在极为深厚的渊源，因其先祖盘瓠曾闾山学法，包括福建各地信仰的"奶娘"陈靖姑也是学法后得道升仙的，故道教在畲族民间信仰中占据了较为重要的地位，除了对宗族祭祀服饰的影响外，在民间服饰中也多处折射出道教的影子，如在女子贴身肚兜、儿童帽甚至枕套上都可见到八卦图案、八仙的人物形象和暗八仙的图像也经常出现在刺绣图案中（见图4-13）。

除了道教外，佛教也是畲民中影响较广的宗教信仰，佛教中"卍"字、"八吉祥"或曰"佛八宝"图案也是畲族民间服饰中常用的装饰题材，寄托了人们期盼福佑的美好愿望。在汉文化中，"八吉祥"中的莲花和盘长在单独使用中和本土文化交融，衍生出诸多吉祥寓意的图案，如"并蒂同心"、"莲生富贵"等，莲花因其多子而带有母性的特质，在民间刺绣中以莲喻阴，以鱼喻阳，二者相戏意味阴阳交合的生殖崇拜内涵，从而产生了"鱼戏莲"图案。这种图案寓意在畲汉文化交融中也对畲族服饰图案产生了一定的影响，和宗教信仰共同迎合了畲族人民的审美价值观，所以虽然畲族崇凤，除了和凤同属富贵寓意的牡丹外，莲花成为畲族服饰图案中应用颇广的花卉图案。而由一根线盘曲连接形成的盘长无头无尾，无休无止，象征着绵远悠长、万世不竭，常作为"八吉祥"的代表，和汉民族系用编结来表现盘长不同，畲族日常服饰简洁朴素，便于劳作，常通过刺绣的形式在服装的领座、衣襟等边缘装饰上通过盘长纹表现对生活的美好祈愿。

图4-13　畲族服饰中的戏剧人物形象和八仙形象
（笔者2011年摄于福建）

由于盘瓠实为汉族皇帝的驸马，所以自始祖盘瓠起，畲族文化即和汉文化存在割舍不断的联系，加上畲族并非像一些少数民族一样将自己长期封闭在大山深处不与外界来往，而是在长期的徙居生活中频繁与各地的人民产生经济生活上的联系，流散至各处的畲民大多与当地汉族杂居生活，所以各地畲民与汉族人民经济上的来往和文化上的交融也是不可避免的。畲民的宗教信仰也深受汉族宗教信仰的影响，在这种环境下，畲汉文化交融及宗教信仰作用下的服饰审美也和汉文化产生了千丝万缕的关系，同时又在图形使用和装饰部位等具体细节上带有畲族生活环境和民族背景特征。

第三节　浙闽畲族服饰文化的承载媒介分析

一　民族传统习俗的精神承载

民族服饰的存在，尤其是民族服饰文化的延续，需要依托一定的文化生态环境，这种文化生态环境需要通过相对稳定的民族传统习俗来建构。民族传统习俗是民族认同和民族归属的外化表现，是民族服饰承载的精神媒介，这些习俗又建立在共同的祖先信仰或曰始祖传说的基础上，且受到生产生活方式的影响而逐步形成。

历史唯物主义认为，神话传说是不可信的，但神话传说的产生和流传又有特定的历史渊源。畲民信仰的盘瓠传说即是将原始社会遗留下来的犬图腾崇拜与中原汉族传说中的高辛帝进行对接，并不断加以完善和改造，最终形成完整表现民族来源和始祖发源的盘瓠传说，应该说，盘瓠传说本身就是在汉文化影响下的产物。盘瓠传说的完整形成是历经了漫长的过程逐渐完善的，这个过程也是畲族文化和汉文化不断交融、涵化的变迁过程。这一过程中，畲族文化自发地为保存自己的文化采取了一系列本能保护措施，比如远离汉族聚居区自己居住在相对封闭的环境、实行族内通婚等，在畲族不断迁徙的过程中虽然会受到周边民族的影响，但迁徙的族群本身相对外族是固定而稳定的，这种迁徙一定程度上也成为文化自我保护的一种方式，现今景宁地区的头冠制式比闽东一带更具原始性可为佐证。所以，畲族文化一方面在日积月累中不可避免地受到汉文化的影响，另一方面又不断吸收汉文化的某些元素，构成文化防御系统。在盘瓠传说演化成为完整的民族来源并被全民族认可之后，传说中的高辛帝及其权势便成为畲族最有效的精神武器，凭此抵御外来文化的冲击、延缓本民族文化涵化的脚步。在坚守民族文化，对抗文化涵化的过程中，民族共同的祖先与图腾信仰对服饰文化的承载起着重要的作用，只有当全族人民都认可并坚守这一信仰时，才能为服饰文化的承载提供强大的精神支撑。

除了始祖传说信仰外，民族生活的传统习俗也是民族服饰文化承载的重要精神媒介。在民族认定时，共同的始祖信仰、图腾崇拜和生活习俗本身就是鉴定的标准之一，很多的民族传统习俗正是基于共同的始祖传说的衍生物。比如畲族的祭祖醮名，传世者的服饰装扮和巫舞是对始祖的纪念，其诸多来源于道教的服饰习俗也正是由于始祖传说中盘瓠王被封领地后前往闾山学法而沾染上的。相当于成丁礼的醮名仪式本身也就是告知祖先，本人已经成年，可以承担族群和家庭的责任了，各地畲族女子在出嫁时才戴凤冠，并以凤冠入殓，除了是寄托着三公主凤凰传说中的吉祥祝愿外，也正是一种向祖先的告祭。据说，新婚着凤凰装和凤凰冠是为了告知祖先我今日成家了，入殓时穿戴上凤凰装和凤凰冠是为了死后能回归祖先的怀抱，怕祖先不认识。在其他的畲民传统节庆中，也有一些是源自共同的民族亲情，比如二月二的会亲节，就是由于历史上畲民多迁徙，故在二月二这天各地畲民同胞会聚一处，穿上最精美的盛装畅谈亲情，以歌会友。婚礼习俗中对于服饰文化的延续更具典型性，由于福建畲族女子平日不戴凤冠，只有依托传统婚俗才有机会展示和使用新娘的盛装冠戴，除了婚礼当日的习俗外，一些婚前定情、教养的习俗也对服饰文化影响较大，如畲族男女彩带定情、霞浦地区的"做表姐"习俗等。这些节庆民俗活动给民族服饰提供了赖以生存的环境，对于散落各地的畲族群众来说，这些民族传统习俗只有建立在一致的民族认同上才得以延续，只有这些民俗活动得到保护和延续，畲族服饰文化才能保持稳固的精神承载媒介。

二　传统工艺技术的物质承载

服饰归根结底是物体，是民族精神和民族文化物化的形式。所以，民族服饰文化需要依托一定的物质对象来展现。这些物质对象包括服饰的材质、饰品等，但最重要的一点是需要依靠传统的工艺技术操作于材质对象，才能使之得以延续。构成服饰的基本材质、装饰辅料、加工手段等无不从各个细节传递着传统服饰的精髓，这些传统工艺技术正是民族服饰的物质承载，它们才是构成整体服饰的最基本成分。

畲族服饰传统上是以麻棉材质为主要材料的，畲民善于种苎麻，所穿衣物多以自种的苎麻为料。现在经济条件提高，各地皆以棉或化纤混纺面料为材质，表演服装中也有以绸缎为材料的，除了几件传世旧衣外，现在已经几乎看不到苎麻的服装了。而一些诸如彩带编织、刺绣等手工艺也逐渐式微。一些畲民原来赖以为生的种菁、种麻、染蓝技艺也逐渐退出了人们的生活。如果所有的畲族服装统统换上五颜六色的现代绸料，以毫无特色的机织花边代替传统的彩带和刺绣，即使款式形制不变，失去传统工艺技术的物质承载，变了味的畲族服饰也只是形似而神不似的替代品了。在浙闽各地畲族聚居地的田野调查中，笔者有幸见到了这些传统技艺的传承人，但是在当代经济文化大潮的冲击下，这些传承人都正面临着后继之人的共同困扰（见图 4 - 14、图 4 - 15、图 4 - 16）。

图 4 - 14　在自家门廊织彩带的畲族老人

（笔者 2009 年摄于景宁黄山头村）

物质承载和精神承载两者是相辅相成的，共同构成了畲族服饰的承载媒介，畲族服饰正是依靠两者共同构建起来的民族服饰空间才得以代代相承，延续至今。物质承载媒介的缺失会直接影响服饰的外在表现形式，只有依托保持完好的民族传统习俗，传统工艺技术才有生存发展的空间，同时传统工艺技术又为民族传统习俗提供物质支撑。精神承载媒介为民族服饰提供生存的养分与空间，传统技艺生产出来的物质产品需要依托民族服饰实现其审美与实用功能，民族传统习俗的衰退及其带来的民族服饰式微必然会对传统工艺技术产生连锁影响，失去生存空间的传统技艺面临的是逐渐枯竭消亡的结局，它们之间是共融共生、兴衰与共的关系。

图 4 – 15　畲族刺绣老艺人雷朝灏

（福鼎市硖门乡民宗局提供）

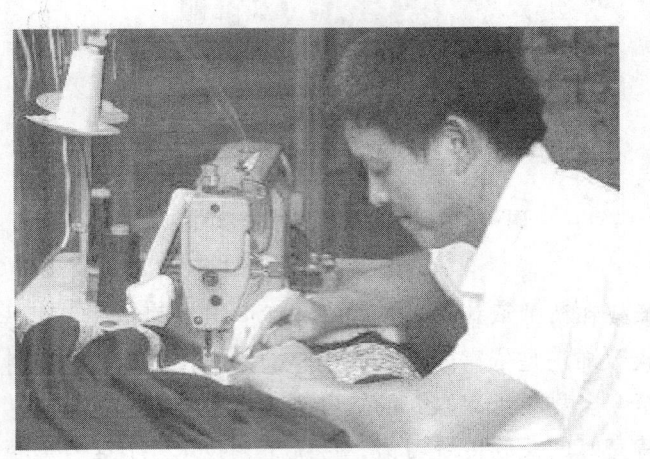

图 4 – 16　畲族服饰制作非物质文化遗产传承人兰曲钗

（笔者 2011 年摄于罗源县松山镇竹里村）

第五章

浙闽地区畲族服饰在当代的
生存现状

第一节　浙闽地区畲族服饰现状与反思

一　浙闽地区畲族服饰服用现状

随着现代文明和经济的发展，广大畲乡发生了巨大的变化，畲族人民的生活水平得到了提高，但在全球经济一体化带来的文化冲击的背景下，畲族服饰文化也面临着前所未有的冲击和震荡。在笔者田野调查所至的浙闽两省的十几个畲族村，鲜少看见在日常生活中穿着传统服饰的畲民。各地畲族妇女大多会准备一套民族服饰在节庆或重大活动时穿着，但平日生活中则是以现代服饰为主。

在福建省宁德、霞浦等地的一些较为偏远的畲族村，仅有极个别畲族老年妇女还在平日穿着畲族传统服饰。笔者在福建省霞浦县白露坑村调查时，村长介绍说村里仍有一个老人平日里也坚持穿畲族服饰，但不喜与外人接触，经过村长的劝说，老人仍旧拒绝拍照。相较而言，这些地区日常生活中，畲族妇女梳凤凰髻的传统仍保持得较为完好，尤其在六十岁以上人群中，时常可以看见一些身着现代服装但梳着传统发髻的老年妇女。图5-1所示为霞浦县半月里村在村口大树下纳凉聊天的畲族群众，可以看见图中六七十岁的畲族妇女仍梳着传统发髻，身着西式衬衫长裤，而图中四五十岁的中年妇女及远处的青年男女的穿着装束均与汉族完全相同。

与霞浦福安衣着现代但保持传统发髻不同，罗源装地区少数传统的老年畲族妇女保持日常穿着民族服装的习惯但不梳凤凰髻，可能与罗源式发髻较为高耸，附加物突出不便日常活动有关。老年罗源服装以黑色棉布为

图 5 - 1 梳传统发髻的畲族老妇
（笔者 2011 年摄于福建宁德上金贝村、霞浦半月里村）

主料，仅在服装门襟及领窝处有简单的花边装饰，腰间围有拦腰，而年轻女子则只有在民俗庆典活动中才穿戴民族服饰，服饰花边繁复华丽（见图 5 - 2）。

图 5 - 2 着畲族传统服装的老妇与少女
（畲族作家山哈 2012 年摄于福州闽侯六锦）

在浙江境内的畲族村庄，浙南的服饰保存得较浙北要完整。在景宁畲族自治县，青年男女在日常生活中的服饰装束与汉族一样，老年妇女在日常生活中仍有较多人使用蓝黑色麻质素面拦腰，腰间仍采用彩带束腰，穿在现代服装的外面做围裙用。仅有少数畲族老年妇女穿青蓝色大襟上衣，款式较传统"兰观衫"窄小贴身，但花边基本取消（见图 5 - 3）。与福建地区平时梳凤凰髻，在结婚和入殓时佩戴凤冠的传统不同，景宁地区的凤

图5-3　景宁畲族老妇

（2009年摄于景宁东弄村、双后岗村）

冠是自结婚之日起始戴，在日常生活中也是日日佩戴的。但现在浙江的畲族地区日常生活中已无人佩戴凤冠了，发型和现代汉族人一样，妇女中也有剪短发或扎发辫的，凤冠仅在节庆日或民俗活动中佩戴，而且佩戴传统凤冠的多为中老年妇女（见图5-3右图），很多年轻女性都佩戴着简化的凤冠，这种简化的凤冠以机织的花边包裹海绵做成头箍戴在额头，于脑后通过系带或松紧带固定，前方有一个红色绒布做的鸡冠状凸起，凸起及发箍边缘饰有银链，模拟凤冠中的珠串（见图5-4）。这些服装样式糅合了多地区的畲族服饰元素，甚至添加了许多其他民族的服饰元素。图5-

图5-4　现代畲族女子头冠

（笔者2011年摄于福鼎市金凤畲族服饰有限公司）

5是2009年景宁三月三行嫁踩街活动中穿着现代畲服的畲族伴娘：头冠是简化的头箍，走在前面的蓝衣女子门胸下襟边有福安式的三角印元素，

图 5 - 5　现代畲服

（笔者 2009 年摄于景宁）

但领口特征不鲜明，且外罩红色缎面镶白色毛边马甲属于北方民族的典型
服饰元素；走在后面的女子衣襟领口采用了罗源式元素，但连衣裙的样式
及缩小的三角形拦腰显然加入了现代服饰元素。年轻女子家中多准备有一
套至两套新制作的畲族传统服饰，但形制较为混乱，除了掺杂了非本地区
的畲族服饰元素外，还加入了很多其他民族的服饰元素，如白色毛边和百
褶裙等，这种多种不同来源的服饰元素混合杂糅导致畲族服饰偏离了原有
的民族特色和民族风格。

　　下图（图 5 - 6）为 2009 年在景宁所拍摄到的现代畲族服饰：左一图
为景宁县黄山头村青年畲族女子雷婷婷的畲族服饰，据雷婷婷所言，主要
穿着场合是在节庆日或者村镇里组织节庆活动时，服装为红色交领大襟上
衣，衣长及腰，下配百褶花片裙，领口、袖口和裙面上镶嵌有机织花边。
从畲族服饰的传统样式来看，这套服装虽是浙江景宁地区的，但领口是福
建罗源式畲族女装上衣的形制，虽然都是畲族服饰，但存在地域上的服饰
元素混淆，且服装色彩、装饰及搭配等方面已经超出畲族服饰的基本特征
范围，吸收了苗族裙子的一些特征，体现出来的整体面貌与畲族传统样式
相距甚远。左二图是当年三月三活动中进行采访的景宁电视台记者的装
束，服装的整体风貌已经与传统畲族服饰存在较大差异，腰间虽然保留了

拦腰，但拦腰的裙面改成了鸡心形，整体颜色也脱离了蓝黑基调，大襟镶花边连衣裙款式给人的第一观感是少数民族服饰，但无法判断是畲族服饰。左三图是活动中参加歌会比赛的福建地区选手，可以看出头冠是在罗源式头冠的基础上改装的，额头所戴发箍也是用松紧带在脑后固定，所着服装则显然是在现代裙装的基础上添加镶边和绣花制成，与任何一种畲族服饰均相去甚远。右一为歌会中在福安式服装基础上稍做改动制成的表演装，以圈帽模仿福安传统匣式发髻，保持了福安式盛装服饰中服装黑底红边和佩戴银色胸挂的特征，扩大了胸前三角印的面积，增加了胸襟彩色镶边的装饰面积，使服装更艳丽夸张。

图 5 - 6　现代民俗表演和活动中的畲族女子服饰

（笔者 2011 年摄于景宁）

当今一些节庆日和民俗表演中，畲乡男子多着对襟镶花边单衫，前襟五粒一字扣，衣长及臀两侧开衩，或在日常服装外面套一个对襟镶花边马甲。使用的现代机织花边精致度和民族性均欠佳，多用在领口、袖口、底摆和对襟止口两边，色彩多用大红、明黄、宝蓝等色，比传统的青蓝色更为绚丽，服装面料多为现代化纤材料（见图 5 - 7）。

二　对畲族服饰服用现状的反思

结合笔者田野调查中的观感和调查问卷的数据分析，可以对当代社会畲族服饰现状概括为：民俗生态环境正在急速流失，文化碰撞与震荡下的传统服饰样式逐渐蜕变，日常服饰正在退出畲民日常生活，转而成为民俗

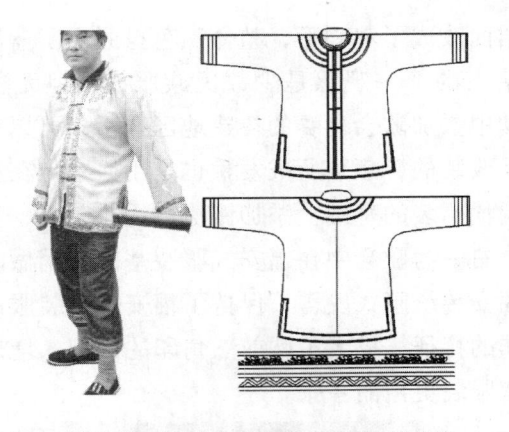

图 5 - 7　现代畲族男装及平面款式图
（笔者 2009 年摄于景宁三月三活动，根据实物绘制）

表演和节庆的礼服，大量畲民的日常穿着失去民族特色，传统服饰工艺后继乏人，新制作的畲族服饰存在着形制混乱、元素杂糅、工艺粗糙、材料劣质的问题。这些问题的严重程度和当地畲族村地理位置的便利及现代化经济发展的程度成正比。照此发展速度和轨迹，畲族服饰将在不久的将来彻底退出畲民的日常生活。

当然，正如文化从来不是固定不变的，民族服饰本身也不是一成不变的，我们今天所见的各民族服饰都经历了各自的演变过程，随着本民族的发展而发展，外界的影响、审美心理的变化等都会成为促使其发生变化的动因，所以它必然会随着该民族所处社会、经济和文化环境的变化而产生相应的变化。当代社会所面临的全球经济一体化和文化一体化环境加剧了这种变化的过程和剧烈程度，这种现代文明的介入式干预虽然带来了经济发展和生活水平上的跨越式发展，但对于民族服饰文化而言则容易产生发展脉络的断裂，对于一些少数民族而言，这种脉络的断裂使他们的服饰由演变转而成为突变，甚至彻底消亡。民族服饰研究者的任务不是力图阻止或延缓这种变化，而是在变化发生的时候分析变化的具体表现以及引发变化的原因，结合民族服饰特有的物质特征和文化背景，使这种变化沿着合理的方向发展。

当代研究中常用"汉化"这个词汇来表达少数民族文化受汉文化的影响，及其在服饰上所表现出来的明显变化。在笔者看来，这个词不甚准确，殊不知当代汉文化亦是在西方化影响下产生了巨大的变化。而当代社会，强势经济体的文化必然随着全球经济一体化的进程向其他弱势经济体进行文化输出，最终成为一种主流文化。目前的汉族服饰正是在西方服饰文化的这种输入下形成的，而畲族服饰所受的汉化影响更应该说是一种西方主流文化影响下的汉化。现在畲族所经历的服饰文化嬗变正是近一百年来汉文化所受西方主流文化影响的小规模重演。时至今日，诸多民间团体开始发起汉服复兴的活动，在生活和设计的各个领域也开始重视传统文化的精神，而汉族所具有的悠久历史、厚重的文化背景、广博的文化影响力和凝聚力，以及对异文化的融合能力都是畲族等少数民族所不具备的，所以，今天畲族服饰文化快速变化发展的现状引发了笔者对畲族服饰未来的担忧，也感受到收集整理畲族传统服饰资料并梳理其脉络的紧迫性和重要性。

第二节　浙闽地区畲族服饰的认知现状比较

一　畲族服饰认知现状调查

以往大多数的畲族服饰研究中偏重以观察者研究者的角度对畲族服饰现状进行主观的描述，虽然可以从研究者角度对对象进行描述，但也存在一定的缺憾。为了了解当今社会对畲族服饰的普遍认知态度，以及畲族聚居地的青少年对畲族服饰的认知和对服饰文化传承的态度，获得社会大众及当代青年畲民对畲族服饰的客观评价，笔者进行了畲族服饰认知现状的调查。①

（一）调查对象和调查方式

调查对象分为两个部分：普通民众和畲族地区的青少年。针对普通民众的调查方式为网络随机调查，针对畲族地区青少年的调查则抽取浙闽畲族聚居地民族学校的中小学生为对象，对畲族基本情况、畲族服饰基本认知以及对畲族传统手工艺的态度等进行了调研，相关结果可以作为畲族服饰保护与传承的参考依据。这两种方式可以对普通民众对畲族及其服饰的认知以及聚居区青少年对地方民族服饰的认知做出客观的评价。

（二）问卷设计

1. 调查对象分析和筛选。

第一题到第五题是对调查对象基本情况的了解，包括调查对象的性

---

① 注：由于部分问题是多选，故存在部分题目数据总和大于100％的情况。

别、民族、地区、年龄段和文化程度。第六题和第七题是对畲族及畲族服饰基本认知的筛选，由于本问卷是对畲族服饰认知的调查，故对畲族这个民族和服饰形象毫无认知的选项进行了跳转设置，筛选出对畲族传统服饰有基本形象认知感的调查对象。以此亦可了解当今社会中普通人群对畲族及其服饰形象是否有基本概念。第六题设计为"参加本调查前，您知道畲族这个民族吗"，对于选择"知道"的允许继续完成后续问题，选择"不知道"的直接跳转至问卷末尾，结束调查。第七题为"您对畲族传统服饰形象的认知如何"，选择"完全不知道"的结束调查，从而排除掉对畲族及畲族服饰完全无概念的人群。经过调查对象筛选后继续后续问题回答的被调查者都是对畲族及其服饰形象有一定基本认知的人群。

2. 对于畲族及其服饰的认知调查。

第八题至第十三题以及第十九题主要调查受访者对于畲族服饰基本知识的认知程度，包括获取信息的渠道、分布地域省份、来源等。第十四题至第十七题主要调查受访者对畲族服饰几种具体代表式样的辨识度。通过提供几种典型畲族服饰着装人物形象图片，测试受访者能否准确辨别它们分属哪一地区。

3. 对于畲族服饰现状的观感。

第十八题至第二十四题（不含第十九题）主要是调查受访者对日常生活中畲民服饰的态度，包括日常生活中是否能通过服饰区分其民族身份、生活中见到身着传统服饰畲民的场合、对当代新制作的一些畲族服饰的认可程度，以及畲族服饰中给人印象最深、最具辨识度的元素。

4. 对于畲族服饰保护和传承的态度。

第二十五题至第三十三题主要调查受访者对于当下社会中畲族传统服饰的传承和保护的态度。包括畲族传统服饰在现代生活中的存在形式与意义、对传统手工艺在现代的存在意义以及有无互动体会和学习的兴趣、传承中民俗生活环境保护的意义等。

二　大众认知现状调查结果分析

本次调查借助网络调查平台，共收到有效答卷数 416 份，其中 399 份答卷来源共分布在我国 29 个省市自治区和直辖市，其中国内答卷部分排名前五位的地区为：浙江、江苏、广东、上海、北京，海南、内蒙古、吉林、云南、西藏和香港各只有 1 份答卷，答卷分布地理位置如图 5－8

所示。

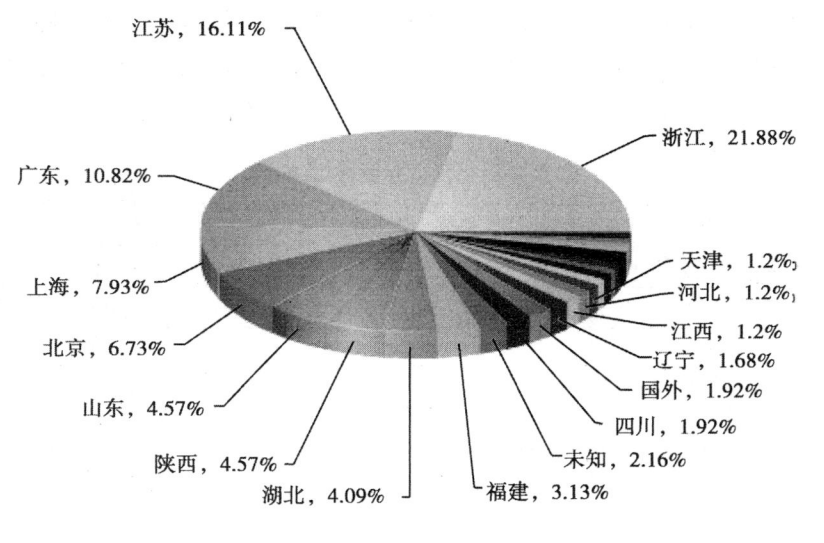

图 5-8　网络调查问卷填写者位置分析

（一）调查对象分析和筛选

由于两性对服饰类问题关注程度不同，在 416 份回收的有效答卷中女性占大多数，有 301 人，占 72.36%，男性 115 人，占 27.64%。汉族人占主体，有 387 人，占 93.03%，畲族 9 人，占 2.16%，其他少数民族 20 人，占 4.81%。由于问卷是通过网络投放的，所以被调查者的主体人群为居住在汉族地区为主的受过大专以上教育的中青年人群，文化程度以大学本科程度最多，大专文化程度以上者占 92.79%，被调查人群中 93.27% 的人来自非畲族聚居地区，这也保证了普通调查问卷与聚居区人群调查问卷的区分度。经过筛选，416 人中仅余 152 人进入后续问卷，在全部被调查者中，能够对畲族服饰有基本认知的仅占 36.5%。

（二）对畲族及其服饰的认知

在 416 名被调查对象中，有 232 人知道畲族这个少数民族，占整个人群的 55.77%，不知道畲族的人高达 44.25%，而在这 232 名受访者中对于畲族传统服饰形象完全不知道的比例高达 34.38%，另有 57.33% 的人处于印象模糊说不清的认知程度，仅有 8.19% 的人认为自己可以清晰分辨。结合本问卷被调查对象九成以上的大专以上教育程度，说明在我国具备一定文化素质的人群对于畲族这个族群的认知程度尚不够高。

对于畲族服饰形象认知的获得渠道,主要来自电视宣传和网络宣传,其次是旅游见闻和学校教育,再次是学术讨论和熟人朋友。152 名回答问题者中有 21 人选择了"其他"选项,可以概括为答题者本身为畲族人或自身对民族服饰感兴趣通过网络、文献等渠道查找到相关信息(表 5-1)。

表 5-1 畲族服饰形象认知来源(多选)

选项	小计(人)	比例(%)
(a)学校教育	44	28.95
(b)电视宣传	67	44.08
(c)网络宣传	68	44.74
(d)旅游见闻	51	33.55
(e)学术讨论	20	13.16
(f)熟人朋友	18	11.84
(g)其他	21	13.82
本题有效填写人次	152	

被调查者在谈到畲族传统服饰时首先想到的是女装,比例高达84.21%,选择男装的仅为 0.66%,15.13% 的人选择"两者皆有"。显然,在畲族传统民族服装中,女子服饰在民众眼中具有极高的典型性和代表性,这首先和女子装束极富民族特色有关,同时在各地民族服饰中,女装一般都是更富装饰性且特征突出,而畲族男装清末以来与汉族男装趋同的状况也是造成这种一边倒选项的原因。畲族女装崇拜来源中"凤凰"的认知程度最高,这和各地民族文化宣传中着力突出渲染的"凤凰"形象有关,旅游宣传中对"凤凰装"的宣传力度较强也有一定影响,值得一提的是,在"其他"选项中有 2 人给出了"狗"的答案,可见选择者对于畲族盘瓠传说有较为清晰的了解(表 5-2)。

表 5-2 畲族女子传统服饰崇拜来源认知

选项	小计(人)	比例(%)
(a)龙	8	5.26
(b)凤	69	45.39
(c)麒麟	17	11.18
(d)老虎	4	2.63

选项	小计（人）	比例（%）
（e）不知道	49	32.24
（f）其他	5	3.29
本题有效填写人次	152	

对于"您所知道的畲族传统服饰样式有几种"这个问题，大多数被访者（78.95%）认为各地分布的畲族在服饰上不尽相同，但只有5.26%的人宣称自己能清晰分辨出各地服饰的不同，41.6%的人不知道畲族服饰样式有几种，8.34%的人认为有5种或6种以上的样式种类（表5-3），可见民众对于畲族服饰的正确认知仍有待提高。笔者给出了（a）景宁、（b）福安、（c）霞浦、（d）罗源和（e）福鼎五种典型畲族服饰样式让被调查者进行识别测试，被认同是畲族服饰的比例依次为：景宁48.68%、福安21.71%、霞浦29.61%、罗源26.32%、福鼎18.42%（表5-4）。对于笔者给出的五种同为畲族但分属不同地区的服饰形象，只有7.24%（11人）的人能辨识出他们属于同一民族，而15.79%（24人）的人对于这五种式样一个都不能分辨。

表5-3　　　　　　　　　对畲族传统服饰种类的认知

选项	小计（人）	比例（%）
（a）1种	15	12.5
（b）2种	20	16.67
（c）3种	16	13.33
（d）4种	9	7.5
（e）5种	2	1.67
（f）6种以上	8	6.67
（g）不知道	50	41.67
本题有效填写人次	120	

表5-4　　　　　　　　对畲族传统服饰的区分认知（多选）

选项	小计（人）	比例（%）
（a）景宁式图片	74	48.68
（b）福安式图片	33	21.71

选项	小计（人）	比例（%）
（c）霞浦式图片	45	29.61
（d）罗源式图片	40	26.32
（e）福鼎式图片	28	18.42
（f）我不确定是哪个	28	18.42
本题有效填写人次	152	

（三）对于畲族服饰现状的观感

在152名被调查者中77.63%没有见过真实穿着畲族服饰的人，他们对于畲族服饰的认知主要渠道依次为：网络、电视、宣传图片资料、学校教育等渠道。见过真实的穿着畲族传统服饰的被访者中50%的人认为在生活中畲民服饰外观和汉族相同，38.24%的人可以通过服饰直接辨认出对方是畲族，另有11.76%的人能从服饰外观辨识出是少数民族，但不知道是畲族；他们见到穿着畲族服饰的畲民的场合依次为（表5-5）：民俗表演、重大节日、重要活动、日常生活及其他场合（8.82%，国家人代会和旅游接待）。

表5-5　　　　　　对畲民穿着畲族服饰场合的认知（多选）

选项	小计（人）	比例（%）
（a）日常生活	3	8.82
（b）重大节日	19	55.88
（c）重要活动	13	38.24
（d）民俗表演	26	76.47
（e）其他场合	3	8.82
本题有效填写人次	34	

被访者中对于目前各种民俗表演、活动中的畲族服饰的式样和工艺水平持认可态度的只有18.42%，40.79%的人持不认同态度，另有40.79%的人表示无法判断。畲族女子服饰给人留下印象最深的依次是：头饰、带彩带的拦腰、花边衫（表5-6）；对现代新制作的畲族服饰存在的不足，51.97%的被调查者认为"颠覆传统样式，加入其他民族服饰元素"，43.42%的人认为是工艺粗糙，27.63%的人认为是材料劣质，另有

15.79％的人在"其他"选项中表达了他们的意见：色彩不华丽、宣传太少、样式材质混乱以及没有与时俱进等。

表 5 - 6 畲族女子服饰典型元素认知

选项	小计（人）	比例（％）
（a）头饰	47	30.92
（b）花边衫	30	19.74
（c）饰有彩带的拦腰（围腰或围裙）	41	26.97
（d）绑腿	4	2.63
（e）绣花鞋	6	3.95
（f）说不清	22	14.47
（g）其他	2	1.32
本题有效填写人次	152	

（四）对于畲族服饰保护和传承的态度

进入本阶段的有效问卷为 152 份，在对畲族传统服饰保护的态度上，被调查者的意见较为一致，152 名被调查者中认为"有必要"和"非常有必要"的有 149 人，占总人数的 98.29％，对于现代生活中畲族传统服饰存在的方式，按比例多寡依次为："在节假日、重要场合穿用"、"继续在每天的日常生活中穿用"、"进入博物馆保存、展览，生活中不再穿用"；有 2 人（1.32％）认为"不适合现代社会应予以摒弃"（表 5 - 7）。在对当代畲族服饰的态度调查中，半数人（50％）认为当代制作的畲族服饰应当保持传统原貌，沿用传统工艺手段进行制作；小半数人（45.39％）认为应该与时俱进，维持民族特征基础上运用现代技术和材质进行创新发展，选择"其他"选项主观答题者认为畲族服饰应"保持传统原貌，加入现代技术"、结合时代发展进行"创新与发展"，"多注重颜色样式"。

表 5 - 7 现代生活中畲族传统以何种方式存在

选项	小计（人）	比例（％）
（a）进入博物馆保存、展览，生活中不再穿用	28	18.42
（b）继续在每天的日常生活中穿用	56	36.84
（c）在节假日、重要场合穿用	116	76.32
（d）不适合现代社会应予以摒弃	2	1.32

续表

选项	小计（人）	比例（%）
（e）其他	12	7.89
本题有效填写人次	152	

对于畲族服饰中加入其他民族服饰元素的态度调查，持否定观点的与肯定观点的比例持平，44.74%的人认为可以，42.76%的人认为不可以。在选择"其他"选项的被调查者中，有的认为可以视场合而定，有的认为出于美观的目的可以，但为了教育后代则不可以，另有部分持无所谓态度。可见对于民族服饰元素混淆这一问题，还有大量人群没有意识到问题的严重性。

对畲族传统服饰手工艺品"彩带"的调查显示大多数人对其了解甚少，152人中仅有24人（15.79%）确定地表述自己"知道"这一工艺，84人（55.26%）"听说过，但不了解"，剩下的44人（28.95%）则"不知道"这一传统工艺。被调查人群对于畲族传统服饰手工艺如彩带和刺绣的传承整体持肯定态度，145人（95.39%）认为非常有必要传承下去；3人（1.97%）认为其不适合这个时代而没必要传承，余下4人（2.63%）持无所谓态度。当被问及如果有机会免费学习畲族服饰手工艺是否愿意参与时，130人（85.53%）表示愿意，不愿意的22人（14.47%）中，主要因为时间因素和兴趣因素而无学习意愿。

对于畲族服饰文化保护和传承中是否有必要保持原生民俗生活环境的态度，有145人（95.39%）持肯定意见，认为传统的民俗节庆是服饰文化生存的环境，需要保留这些民俗环境，占被访者的绝大多数；4人（2.63%）认为应顺其自然发展，自生自灭；有3人（1.97%）认为畲族人民要过上现代生活，老的习俗不适应时代而没必要保留。

三　浙闽畲区青少年对畲族服饰认知现状比较

本部分调查为针对浙闽畲族聚居地的定向调查，调查以纸质问卷的形式在浙江和福建畲族地区的中小学人群中进行，分浙江、福建两省分别进行统计，侧重对青少年人群中对畲族服饰认知的调查，选择青少年人群也能够从一个方面说明该地区在畲族服饰文化教育与传承方面的现状。浙江省调查地点和调查对象为景宁一中和鲞山民族小学在校学生，共计投放

250 份问卷，回收有效答卷 232 份，回收率 92.8%。福建省调查对象为霞浦民族中学在校学生，投放 250 份问卷，回收有效答卷 238 份，回收率 95.2%。

（一）调查对象分析和筛选

调查对象均为 18 岁以下在校青少年学生，其中畲族人口的比例浙江为 20.26%，福建为 46.64%，可见杂散居是畲族分布的主要状态。筛选后，对畲族及其服饰认知符合基本要求的比例两省均在八成以上，其中浙江高达 98.26%，远远高于网络调查 36.5% 的筛查合格率，可见生活环境和当地民族教育仍是畲族服饰认知最主要的渠道（表 5-8）。

表 5-8　　浙闽调查对象分析表，注：数据形式为：人数（百分比），下同

选项	浙江	福建
男性（%）	90（38.79%）	130（54.62%）
女性（%）	142（61.21%）	108（45.38%）
汉族（%）	179（77.16%）	119（50%）
畲族（%）	47（20.26%）	111（46.64%）
其他少数民族（%）	6（2.59%）	7（2.94%）
外籍人士（%）	0（0%）	1（0.42%）
筛选后/前人数（%）	228/232（98.26%）	211/238（88.66%）

（二）对畲族及其服饰的认知

对畲族地理位置的认知问题中，浙江地区认知前三名为：华南（48.25%）、完全无概念（26.32%）、华东（24.56%），福建地区认知前三名为：华东（54.03%）、华南（32.23%）、完全无概念（11.37%），对于华东和华南的认知基本相同，浙江和福建两省的被调查青少年在对于畲族省份的认知均对本省认知度最高，其中浙江地区的被调查者对浙江、福建的认知最高，有 204 人（89.47%）选择浙江省，60 人（26.32%）选择福建省；而福建地区的则只对本省认知最高，为 204 人（96.68%），其余省份均不超过 4%。导致这种结果的原因除了平时所在地区耳濡目染下形成的对本地区认知最高的结果外，对其余省份的认知偏差和学校教育以及各地畲族的日常宣传有关，相比较而言，浙江地区对于我国畲族分布的教育略胜一筹。

对于畲族服饰认知渠道的调查中，浙江地区根据选择人数排列依次为："学校教育"、"电视宣传"、"熟人朋友"、"网络宣传"；福建地区

为："学校教育"、"熟人朋友"、"电视宣传"、"网络宣传"（表5－9）。可见在畲族聚居地的青少年在校生中，学校教育仍是获取认知的最主要渠道，由于地处畲族聚居地，通过熟人朋友和亲友渠道获取相关认知也是重要的渠道。福建的畲族人口分布比例较浙江高，且福建被调查人群中的畲族人口比例也高于浙江被调查人群，所以通过亲友了解畲族的比例也较高。

表5－9　　　　　　　　　　浙闽青少年畲族服饰形象认知来源

选项	浙江	福建
学校教育（%）	127（55.7%）	159（75.36%）
电视宣传（%）	109（47.81%）	99（46.92%）
网络宣传（%）	46（20.18%）	37（17.54%）
旅游见闻（%）	36（15.79%）	29（13.74%）
学术讨论（%）	5（2.19%）	12（5.69%）
熟人朋友（%）	69（30.26%）	112（53.08%）
其他（%）	22（9.65%） （书籍、表演展览、家庭）	17（8.06%） （家庭、家乡、图片资料）

对畲族服饰具体认知仍是以女子服饰为主，提到畲族传统服饰，浙闽两地的被调查者均有六成以上首先想到女子服饰，由于男性服饰汉化的时间较长，故聚居地青少年学生也对其认知印象不深。在对女子服饰崇拜来源的认知中，浙闽地区对于凤凰崇拜的认知度非常高，两地的认知比例分别为：浙江82.89%，福建87.2%。值得注意的是在浙江地区选择"其他"选项的3人均填写的是"狗"，占1.32%，说明极少数的调查对象对于畲族犬图腾存在一定的认知（表5－10）。

表5－10　　　　　　　　　　浙闽青少年对畲族服饰的基本认知

题目	选项	浙江	福建
提到畲族传统服饰，首先想到的	女子服饰（%）	140（61.4%）	145（68.72%）
	男子服饰（%）	15（6.58%）	7（3.32%）
	两者皆有（%）	73（32.02%）	59（27.96%）

续表

题目	选项	浙江	福建
畲族女子传统服饰崇拜来源	龙（%）	5（2.19%）	3（1.42%）
	凤（%）	189（82.89%）	184（87.2%）
	麒麟（%）	11（4.82%）	5（2.37%）
	老虎（%）	1（0.44%）	0（0%）
	不知道（%）	19（8.33%）	19（9%）
	其他（%）	3（1.32%）（狗）	0（0%）

在对畲族服饰不同样式的认知调查中，浙闽两地地区差异以及畲汉民族差异不大（表5－11），福建畲族学生中对"不同地区畲族服饰样式不同"的认知较高（87.04%）和福建省内存在四种不同样式的典型畲族服饰有很大关系，可见在对于非本地区畲族服饰的知识中，畲汉学生获得的途径与认知结构大致相当，对畲族服饰的样式分支存在总体上的认同。但是这种认知并不全面，因为在接下来对于各地畲族代表性服饰的样式种类的认知中，选择5种以上的畲族学生较少，浙江地区有6人（17.65%），而选择不知道的有9人（26.47%）；福建地区有23人（24.47%）选择5种以上，12人（12.77%）选择不知道（表5－11）。

表5－11　　　　　　　　浙闽青少年对畲族不同样式的认知

题目	选项	浙江/其中畲族	福建/其中畲族
不同地区的畲族服饰是否相同	是（%）	64（28.07%）/13（27.66%）	51（24.17%）/14（12.96%）
	不是（%）	164（71.93%）/34（72.34%）	160（75.83%）/94（87.04%）
各地畲族代表性服饰有几种	1（%）	35（21.34%）/7（20.59%）	10（6.25%）/3（3.19%）
	2（%）	25（15.24%）/4（11.76%）	23（14.38%）/10（10.64%）
	3（%）	17（10.37%）/3（8.82%）	50（31.25%）/42（44.68%）
	4（%）	17（10.37%）/5（14.71%）	9（5.63%）/4（4.26%）
	5（%）	11（6.71%）/3（8.82%）	25（15.63%）/17（18.09%）
	6种以上（%）	12（7.32%）/3（8.82%）	10（6.25%）/6（6.38%）
	不知道（%）	47（28.66%）/9（26.47%）	33（20.63%）/12（12.77%）

从整体认知结果来看，福建略强于浙江，可能是因为福建省内畲族分

布和人数都较浙江要广和多,畲族服饰样式显然比浙江的要更加多样化,除教育和媒体渠道外,青少年学生在亲身接触和潜移默化中形成常识性的基本认知。但是也可以从一个侧面看出学校教育及媒体宣传的片面性,对于畲族服饰文化缺乏系统的教育和宣导,从而导致对服饰样式种类认知的准确度低。

笔者给出五种典型畲族传统服饰着装图片让被调查者选择他们认为属于畲族服饰的选项,能够认知出他们同属于畲族的人群很少,浙江地区仅4 人(1.75%),福建地区略好于浙江,有 20 人(9.48%)。浙江地区对于景宁式的认知度最高,达 197 人(86.4%),其余四式的认知度均较低,在 11% 以下;福建地区则对各种式样的认知较为平均,造成这一现象的原因主要是福建省内畲族式样分支较多,问卷中的五种典型式样中有四种的影响区域分布属于福建省境内,而福建被调查者对浙江省的景宁式服饰也有 53.55% 的认知比例则一方面说明景宁式特征性较强,另一方面也说明福建地区对于畲族服饰的教育和宣传力度更强(表 5 - 12)。

表 5 - 12 　　　　　　　　　　　　浙闽青少年对畲族服饰形象感性认知

题目	选项	浙江	福建
以下图片是畲族传统服饰的是	a(景宁式)(%)	197(86.4%)	113(53.55%)
	b(霞浦式)(%)	8(3.51%)	136(64.45%)
	c(福安式)(%)	14(6.14%)	98(46.45%)
	d(罗源式)(%)	24(10.53%)	74(35.07%)
	e(福鼎式)(%)	25(10.96%)	75(35.55%)
	f(不确定)(%)	10(4.39%)	25(11.85%)
对以上图片认知	能准确分辨地区(%)	9(3.95%)	28(13.27%)
	分属不同民族(%)	113(49.56%)	32(15.17%)
	部分属于同民族(%)	83(36.4%)	110(52.13%)
	属于同一民族(%)	4(1.75%)	20(9.48%)
	一个都不认识(%)	19(8.33%)	21(9.95%)

(三) 对于畲族服饰现状的观感

浙闽聚居区人群中对畲族服饰有直观感受的比例相当高,这也是和被调查者身份有关,他们中部分人本身就是畲族,可以通过家庭、亲友的渠道见到畲族服饰,此外,当地政府近年来举办的一些畲族文化活动也使大家有机会接触到真实的畲族服饰，但是其中很多人并不能根据服饰外观辨识对方是否是畲族（表5－13）。即使是聚居地人群，见到畲族服饰的场合也主要是在民俗表演、重大节日和重要场合中，日常生活中能见到的人非常少，在畲民学生中这个比例略高少许（表5－13）。以上数据从侧面说明在日常生活中，畲族传统服饰的服用比例相当低，福建畲族传统服饰日常生活中的服用比例略高于浙江，从数据上看福建略高于浙江近10个百分点，这也与笔者在田野调查中所见情节基本吻合，即除福建少数偏远山村的老年妇女外，畲民在日常生活中的着装已基本汉化。

表5－13　　　　　　　　浙闽青少年对生活中所见畲族服饰的认知

题目	选项	浙江/其中畲族	福建/其中畲族
真实穿畲族服饰的人	见过（%）	197（86.4%）/40（85.11%）	173（81.99%）/100（92.59%）
	没见过（%）	31（13.6%）/7（14.89%）	38（18.01%）/8（7.41%）
能否根据外观辨识	能（%）	68（34.52%）/24（60%）	95（54.91%）/69（69%）
	不能，同汉族（%）	80（40.61%）/10（25%）	38（21.97%）/14（14%）
	能，但不知是畲族（%）	49（24.87%）/6（15%）	40（23.12%）/17（17%）
所见场合	日常生活（%）	14（7.11%）/3（7.5%）	25（14.45%）/18（18%）
	重大节日（%）	144（73.1%）/26（65%）	98（56.65%）/65（65%）
	重要活动（%）	98（49.75%）/24（60%）	67（38.73%）/39（39%）
	民俗表演（%）	151（75.65%）/33（82.5%）	136（78.61%）/79（79%）
	其他场合（%）	3（1.52%）/1（2.5%）	15（8.67%）/9（9%）

　　畲族服饰的各项构成部分中，给人印象最深刻的依次是被称为凤凰冠的"头饰"、"有彩带的拦腰"、"花边衫"。综合前文对浙闽两地畲族服装样式的比较分析，不论何种样式，拦腰都是固定出现的服饰配件，虽然拦腰的具体式样也和服装一样随地域差异而有不同，但相较在传统汉族大襟上衣基础上添加民族性装饰的花边衫，拦腰这一在汉族妇女正装中不出现的服饰配件反而因其和上下装的搭配性和装饰性，突显了畲族的民族特色，从而给人留下深刻的印象。反观非聚居地人群调查中，对该题的选项排名前三的同样依次是头饰、有彩带的拦腰和花边衫，但花边衫的获选比例明显高于聚居地数据，为19.74%。这说明在对民族样式不熟悉的非本地人眼中，服装的样式仍保持了一定的视觉冲击力。

对于现代新制作的畲族服饰能否代表传统式样和工艺的问题，持否定观点的人略高于持肯定意见者，而对于新制畲族服饰的不足，浙闽两地均有超过六成的人认为是"颠覆传统工艺形制，加入其他民族元素"，这一比例略高于非聚居地数据的51.97%；其次是"工艺粗糙"和"材料劣质"（表5-14）。

表5-14　　　　　　　　浙闽青少年对畲族服饰元素及新畲服的认知

题目	选项	浙江	福建
畲族女子服饰给你印象最深刻的是	头饰（%）	139（60.96%）	108（51.18%）
	花边衫（%）	17（7.46%）	24（11.37%）
	有彩带的拦腰（%）	52（22.81%）	51（24.17%）
	绑腿（%）	1（0.44%）	0（0%）
	花鞋（%）	7（3.07%）	3（1.42%）
	说不清（%）	11（4.82%）	23（10.9%）
	其他（%）	1（0.44%）	2（0.95%）
新制畲服能否代表传统式样和工艺	可以代表（%）	85（37.28%）	64（30.33%）
	不能代表（%）	99（43.42%）	91（43.13%）
	无法判断（%）	44（19.3%）	56（26.54%）
新制畲族服饰不足	工艺粗糙（%）	60（26.32%）	66（31.28%）
	颠覆传统加入其他民族元素（%）	144（63.16%）	133（63.03%）
	材料劣质（%）	40（17.54%）	39（18.48%）
	其他（%）	11（4.82%）	13（6.16%）

（四）对于畲族服饰保护和传承的态度

畲族服饰保护的必要性获得了两地青少年的共同认同，对于现代生活中畲族服饰的存在方式约八成的被访者认为应当在节假日及重要场合穿着，浙江地区另有21.05%的人支持在日常中穿用，而福建持这一观点的只有14.69%的人；"进入博物馆，生活中不穿"的支持率浙江为11.84%，福建为18.01%。非聚居地人群中对于日常穿着畲族传统服饰的支持率明显高于聚居地人群。

浙闽两地的青少年被调查者对当代畲族服饰设计的认识和要求基本相同，约六成的人认为应"保持传统原貌，沿用传统工艺手段"，另有超过三成的人认为应"维持民族特征，运用现代技术材质创新发展"。对于畲族服饰中加入其他民族服饰元素的问题，浙闽两地被访者中均有超过半数的人持否定态度，而有约四成的人持肯定意见，这一数据比例和非聚居地调查数据接近（表 5 - 15）。

表 5 - 15　　　　　　　浙闽青少年对畲族服饰保护的态度

题目	选项	浙江	福建
畲族服饰保护必要	非常必要（%）	112（49.12%）	80（37.91%）
	有必要（%）	109（47.81%）	121（57.35%）
	无所谓（%）	6（2.63%）	7（3.32%）
	没有必要（%）	1（0.44%）	3（1.42%）
现代生活中畲族服饰的存在方式	进入博物馆，生活中不穿（%）	27（11.84%）	38（18.01%）
	日常穿用（%）	48（21.05%）	31（14.69%）
	节假日及重要场合（%）	177（77.63%）	177（83.89%）
	不适应现代社会应摒弃（%）	5（2.19%）	4（1.9%）
	其他（%）	2（0.88%）	3（1.42%）
当代畲族服饰设计的认识和要求	维持民族特征，运用现代技术材质创新发展（%）	78（34.21%）	70（33.18%）
	保持传统原貌，沿用传统工艺手段（%）	149（65.35%）	137（64.93%）
	其他（%）	1（0.44%）	4（1.9%）
能否加入其他民族服饰元素	可以（%）	93（40.79%）	79（37.44%）
	不可以（%）	129（56.58%）	125（59.24%）
	其他（%）	6（2.63%）	7（3.32%）

　　浙闽两省畲族聚居地青少年中对于畲族传统服饰及工艺的传承均表示出较高的兴趣和积极性，他们认为传统工艺非常有必要进行传承，并应该保持服饰文化的民俗生活环境。他们中的大多数人对畲族传统彩带工艺有基本的认知，这个认知率（浙江 43.42%，福建 24.17%）明显高于普通的非聚居地人群（15.79%），在提供免费学习传统手工艺的条件下，学习意愿非常高。值得注意的是，在对是否愿意免费学习畲族传统手工艺的调查中，福建地区的总意愿率为 78.67%，低于浙江的 91.23%，但经过筛选分析，福建畲族被调查者中有 90.74% 的人表示愿意，学习意愿比同地区汉族被调查者中 66.32% 的人高出近三分之一（表 5 - 16）。

　　青少年人群中对传统工艺这种积极的态度和学习意愿对工艺的传承和

发展无疑是一个良好的信号，应当对这种积极性进行引导和培育，可以基于素质教育和民族文化教育的平台在青少年学生中开展民族服饰工艺的学习和培训，这种学习并非以传承人培养为目的，而是一种宣传普及性的教育，从而培养当地青少年对民族传统工艺的兴趣，进而从中寻找合适的传承人进行进一步培养。

表 5－16　　　浙闽青少年对畲族传统工艺传承及民俗环境的态度

题目	选项	浙江	福建
对彩带工艺的认知	知道（%）	99（43.42%）	51（24.17%）
	听说过，但不了解（%）	95（41.67%）	97（45.97%）
	不知道（%）	34（14.91%）	63（29.86%）
传统工艺传承必要性	非常有必要（%）	209（91.67%）	184（87.2%）
	无所谓（%）	15（6.58%）	20（9.48%）
	没必要，不适合时代（%）	4（1.75%）	7（3.32%）
是否愿意免费学习畲族传统手工艺	愿意（%）	208（91.23%）	166（78.67%）
	不愿意（%）	20（8.77%）（难、没时间、没兴趣）	45（21.33%）（没时间、麻烦、没兴趣）
服饰文化的民俗生活环境保护的必要性	有必要（%）	212（92.98%）	190（90.05%）
	无所谓（%）	14（6.14%）	16（7.58%）
	没必要（%）	2（0.88%）	5（2.37%）

四　认知调查总结

通过以上调查问卷的结果分析，可以看出我国人群中对于畲族及其服饰形象的普遍认知程度并不高，对于畲族所在地域省份的认知中，浙江、福建两省的认知率最高，这也和浙闽两省畲族人口在全国所占比例相吻合。在畲族服饰形象的认知中，女子服饰具有绝对的典型性和代表性，而对于女子服饰崇拜来源的认知中，凤凰崇拜不论普通民众还是畲族地区的青少年均为最高获选项，这说明在畲族漫长的发展历程中，历史上所崇拜的犬图腾形象已逐渐在文化融合与文化变迁中被凤凰形象所代替。结合20世纪初期民族学研究者凌纯声等人的研究，这种图腾认知的转变应是自民国后期随着畲汉民族融合的过程逐渐形成的。不论是否是畲族、是否是畲族聚居地的人群，对于畲族各种服饰形象的认知都极其薄弱，大多数人只知道自己所处地区或所见过的某种式样的服饰是畲族服饰，这说明畲族服饰的综合性研究和宣传工作尚不尽如人意。不论是否是聚居地的群众，在日常生活中见到穿着畲族服饰的畲民的概率非常低，主要是在民俗表演、重大节日和重要活动中才能见到身着畲族服饰的畲民，这说明畲族服饰在当代社会正逐渐脱离日常服饰的范畴，转而蜕变为礼服和表演服饰，畲民在日常生活中出于穿戴便捷、活动自如和文化融合等多方面的因素而选择便捷的现代服饰。

畲族传统女子服饰中给人留下最深刻印象的前三名依次是：头饰、拦腰和花边衫，其中花边衫在普通民众中的认可程度明显高于畲族聚居地的人群，因为花边衫尽管民族特征性不如头饰和拦腰突出，但相比平时生活中淹没在现代服装海洋中的普通人群，它仍属于具有较高特征性和分辨度的服饰元素。对于现代新制作的畲族服饰，多数人认为对传统样式的颠覆、多民俗元素杂糅是其最主要的不足，其次是工艺粗糙和材料劣质。几乎所有的被调查者都认为畲族传统服饰有保护的必要，并认为应当在节假日和重要场合穿用。对于保持日常生活中的畲族服饰穿着使用的态度聚居地和非聚居地人群略有不同，非聚居地认同此观点的人群为36.84%，高于浙江的21.05%和福建的14.69%。全体被调查者中的绝大多数均认为畲族传统服饰手工艺需要传承。聚居地人群对"彩带"这一畲族服饰手工艺的认知远高于普通人群，说明在其宣传和教育上仍局限于当地范围。不论何地的人群均对畲族传统服饰手工艺学习表示出了较高的学习意愿，且对于民俗生活环境保护也持肯定观点，说明如果相关单位组织开展相关非物质文化遗产的宣传和教育存在较好的群众基础。

综上所述，不论是普通民众还是畲族聚居地青少年，甚至畲民青少年，对于畲族传统服饰的认知仍存在不完善、不全面的地方，有必要开展相关知识的普及教育工作。绝大多数群众对于畲族传统服饰、工艺及其民俗环境的保护和传承都持肯定态度，并且有较高的民俗手工艺学习意愿，认为当代新制的畲族服饰在形制、工艺和材质上都存在一定的不足，说明相关非物质文化遗产宣传教育工作的组织和开展存在较好的群众接受意愿和需求，且现代畲族服饰设计和工艺水平亟待整顿和提高。值得指出的一点是，对于畲族服饰的保护和发展，虽然大部分人支持保持原有的传统样式和工艺，但亦有不可忽视的人群认为应该与时俱进，在维持民族特征的基础上运用现代技术和材质进行创新发展。对于服饰中融合其他民族服饰元素的问题，虽然聚居地人群主要持否定态度，认为不可以加入其他民族的服饰元素，但持肯定观点的亦不在少数，同时非聚居地人群中两种观点的人群比例持平，持赞同观点的略高 2 个百分点。这种结果说明畲族地区和畲族群众虽然对于本民族的服装式样有一定的固守和排他心理，但也有较明显的求新求变意愿，而普通人群中赞同多民族服饰元素混合的观点也占有接近半数的比例，这或许可以从一个客观的角度来解释当下畲族地区民俗表演中服饰的乱象。

第六章

畲族服饰在当代社会中的嬗变与动因

第一节　畲族传统服饰在当代社会中的嬗变

一　穿着场合变化

在畲族的历史发展中，畲族服饰是畲民日常生活和各种节庆、祭祀及重要活动的装束，贯穿于畲民生活的方方面面，不同场合有不同的民族服饰习惯。随着现代文明的介入，畲乡经济发展迅速，同时很多畲族青壮年离开山村进城求学、打工，畲族人民逐渐接受了新的生活方式以及随之而来的社会主流服饰，而传统畲族服饰则逐渐蜕变为节庆和表演场合的着装。这种变化最先由畲族青年和男子开始，留守在家的老年妇女则坚守传统服饰的最后一块阵地，所以在田野调查中，越是交通闭塞的山村传统服饰保持得相对越好，而在浙南景宁的东弄村、双后岗村一带，由于距离县城较近，公路和公交巴士都已修到村口，这一带的畲族男女老少平时基本都是现代服饰装束，仅在三月三等大型节庆活动或民族歌会、畲族婚嫁表演时才穿戴民族服饰，浙江省桐庐县莪山畲族乡由于属于杭州市辖区，经济水平较高，当地人从商开厂的较多，日常生活中的畲族服饰文化保持得相对较少。另一方面，这种变化和该畲族地区人口的稠密程度成反比，畲族人口越稀少的地方相应的服饰文化抗击外来冲击的能力越弱小，受到的冲击越明显。福建闽东畲族人口密集，畲族杂散居的村镇相互距离不远，在这些地区尚能遇到极少在日常生活中仍保留民族服饰的老人，且畲族老年妇女中传统发髻的保持率较高；而闽北、闽西、闽南的畲族人口稀少，分布地区成零星散落装，所以这些地区的服饰受汉族影响最大，平时已几乎无人穿着畲族传统服饰，仅在组织大型民族活动时穿着新制作的民族服饰进行表演，而且这些新畲服普遍存在工艺粗糙、形制混乱的缺点。

潘宏立[1]认为畲族群众日常服饰的改装进程分为三个阶段：第一阶段为男子改装，最迟至清末，畲族男装完成了汉化的过程，梳长辫子穿长袍马褂，后这种清朝官服的样式被延续作为畲族婚礼中男子的服饰装扮。第二阶段是清末至1949年新中国成立前，这一阶段女性服饰发生改变，景宁及闽东的大部分妇女开始接受汉族服饰，且发饰也发生改变，闽北光泽、漳平等地从这时起不梳民族发髻。第三阶段是1949年后，改装呈加速状态，首先是新中国成立初期至1958年"大跃进"时期，在民族平等政策下大部分畲族地区实现了日常生活改装，然后是"大跃进"至"文化大革命"期间，畲汉文化进一步交融，政治运动影响下一批老旧服饰被销毁，最后是"文化大革命"后至今，其速度和规模达到前所未有的程度，几乎所有的畲族村都受到不同程度的影响。这种穿着场合变化是随着现代文明和经济发展的影响逐步形成的，以宁德八都乡猴盾村为例：20世纪六七十年代青年妇女几乎天天穿民族服装，到80年代，女青年只有外出做客时才穿民族服装，到80年代中后期，日常生活中已不穿民族服饰了。在福鼎硖门瑞云村，大约从1978年前后开始改装，连结婚也有穿普通的现代服装的（现在畲族结婚服装形式多样，有穿传统服饰的，也有穿西式礼服的）。

所以，畲族服饰这种穿着场合的变化是随着畲民生活方式的变化而产生的，现代生活中畲族传统服饰的穿着从贯穿生活的各个方面蜕变为表演服装则是畲族服饰在当代社会中发生的最大的变化。

二　外观形材变化

社会经济发展一方面使畲民生活节奏加快，打破了以往以山地耕猎为主的经济生活模式，工作之余人们花费在服饰手工艺上的时间转而用在各种娱乐休闲活动中，家庭自制服装已经基本退出了畲民生活，民族服饰的主要来源是裁缝定做和购买成衣。另一方面，经济发展及现代服装纺织技术的提升使服装面辅料也产生了变化，以往常用的棉麻材料被现代化纤材料和丝绸材料所取代，服装上很多费时费工的彩带、镶滚、刺绣手工也被机织花边和机器刺绣替代。

相对于穿着场合变化而言，服饰外观式样、造型以及制作材料的变化

---

[1]　潘宏立：《福建畲族服饰研究》，硕士学位论文，厦门大学1985年，第111页。

是畲族服饰本身发生的重要变化。由于伴随社会经济发展而使畲族服饰的穿着场合发生了变化，这种变化使畲族服饰从满足日常生活需求的日常服饰转变为以满足展示需求为主的表演服饰，这种转变必然使服饰向更为华丽、隆重的方向发展。在服饰外观上表现为色彩脱离了传统的衣尚青蓝转而选择艳丽明朗的大红大绿，服装上的装饰面积增大，发饰等也尽量往华丽的方向发展。比如传统罗源老年妇女所梳凤凰髻为蓝色绒绳缠绕，且头顶的发桃不像青年妇女那么高耸，较为矮小，衣襟的花边也仅有边口处有带状边饰，并非像青年女装铺开至肩部那么夸张。但在现代表演服饰中，几乎所有的罗源式服饰均以青年已婚女子的造型为蓝本，头顶为高耸的红色发桃。很多民族服饰的制作材料也由原先的棉麻质地改为化纤面料，一些镶边、彩带等传统手工被现代机织花边所取代，其色彩、光泽、质地等均与传统样式有较大差异。另外，由于各民族间文化交流的增强以及信息沟通的便捷，各民族服饰文化得到前所未有的交流互通，由此也产生了民族服饰元素之间的相互影响并对服饰的外观形制产生了影响。在这种影响下，畲族服饰的外观也产生了一些变化，在新制作的一些畲族服饰中杂糅了一些其他民族服饰中的元素，如北方民族的毛边、苗族的百褶裙和花片裙。

　　作为畲族服饰中典型性和标志性最强的头饰，在外观形材上的变化更大，除了一些畲民家庭中保存的老式凤冠外，在众多表演和活动中广大畲族女子所戴的都是改装过的简易凤冠，以红黑毛线缠绕而成，做成头箍戴在头上（见图6-1）。

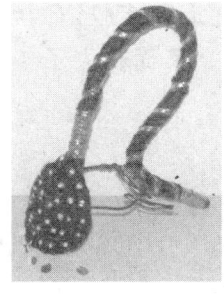

图6-1　简化的畲族头饰

（左：罗源妇女凤凰髻，中：罗源少女发饰，右：景宁发饰，笔者摄于浙闽畲区）

三 工艺技术变化

传统畲族服饰中一些传统工艺逐渐式微，主要表现为彩带在年青一代中的传承比例急剧下降，在很多新制的畲族服饰中都采用机织花边代替传统手织彩带，有的是按照彩带上的字符纹样进行电脑绣花制成，更多的甚至直接用市场上买来的花卉图案花边充当彩带。另外，服装中原来层层叠加的镶滚工艺的运用逐渐减少，手工刺绣被机绣代替。景宁式女子服装中"兰观衫"的花边以及男子服装门襟领圈处的边缘装饰都是通过不同色彩的面料以镶嵌或镶拼的手法制作而成的，但现在的新制作的服装上这些镶边都以花边代替了，仅在服装本料上以市场购买的成品花边简单车缝在边缘位置，女装的花边装饰部位也出于简化工艺的目的由原来的锁骨处直角转弯镶边改为绕领圈一周满镶，或从肩缝处开始不做弯角直接顺延至腋下。

花边是现在各民族新制作的民族服饰中大量用到的装饰辅件，都喜欢用它替代本民族原有的边缘装饰，殊不知这种改镶边为花边的工艺手法看似工艺更简单并且使服装更加华丽，但传统工艺和形制的流失反而使服装失去了民族特性，这或许正是服饰认知调查中很多人认为看到身着畲族服饰的人，能认出是少数民族但不能确定是畲族的原因之一。不论技术如何发展，丧失了传统工艺的雕琢，工业化、规模化生产出的服饰制品和传统服饰相比只能说是形似而神失。传统服饰制作者（有时是穿着者本人）在制作时是怀揣着对生活的美好祝福和愿景的，在现代服饰生产中则有一种误区，认为花边和鲜艳的色彩就是民族服饰的符号，单纯以强烈的色彩对比和大量的花边引起视觉刺激，反而丧失了传统工艺的精致与含蓄。

四 着装心态变化

民族服饰是民族情感和审美心理的一种物化的表现，民族服饰所传达的是一种族群认同、祖先文化和一定经济生活环境下的审美观，畲族先民们穿着民族服饰、佩戴带有民族图腾意味的头饰冠戴之时是怀着对祖先的信仰和崇拜之情的。例如，旧时畲民对于自己的服装制式是非常敏感且固守的。何子星在提到畲民自织的凤冠上裹的红布时说："其他一布，名为畲客帽布；彼族甚敬重之"①。笔者在田野工作中走访畲族村中上了年纪的畲族老人时，当她们珍而重之地拿出压箱底的凤冠珠饰给我们展示时可以深切地感受到这种对民族服饰的谨慎与敬重。然而在现代社会，随着民族间的混杂居、自由通婚、语言一致等民族政策的实施，畲族青年中首先破除了封建迷信的鬼神思想，对于宗族观念普遍产生了淡化情绪，民族固守意识和民族自我意识也逐渐淡化。服饰审美情感与社会主流意识趋同，对于着装心态也由固守民族服饰观念转而追求时尚、舒适、便捷以及符合当下流行的审美观。当代畲民穿着民族服饰更多是为了一种民俗表演性质的展示，换言之，他们的服饰不是为自己而穿，而是为了满足观赏者的需求甚至仅仅作为一种特殊场合的"工作服"而穿。一些民俗表演中部分畲族服饰的穿着者可能并不是畲族，而是进行表演的汉族人，他们对于服装所传达的民族情感更加淡漠。由此，民族服饰进一步蜕化到工作表演装的定位，对工作服能心怀敬意已属不易，遑论其原始的祖先崇拜与信仰了。这种着装心态的转变是畲族服饰在当代社会中最重要的变化，因为服饰的物质表现实体是基于穿着服饰的人的审美观念和着装心理上的产物。当着装心态发生变化时，服饰也必然受其影响发生外观改变以迎合新的着装心理。

第二节　导致畲族服饰发生嬗变的因素

一　文化濡化与涵化的自然结果

文化濡化和文化涵化是社会学和人类学中的概念，分别代表文化传递的两种基本模式。"文化濡化"是指一种"主动态"，强调从文化中学习到价值与规划，其重要作用在于保持文化传递的连贯性；"文化涵化"是指一个群体如社会、国家、族群，尤其是一个部落因接触而接受另外一个群体的文化特征和社会模式的过程，强调外来文化的价值与规范，其重要作用在于保持文化传递的变迁性，其涵化深度很大程度上取决于文化的差异性。民族服饰不可能一成不变，它必然随着社会发展和民族发展而产生相应的演进，民族服饰文化也随着民族文化的变迁而发生变化，畲族服饰

---

① 何子星：《畲民问题》，《东方杂志》1933年，第30卷第13号。

在当代社会中的嬗变就是文化濡化和文化涵化共同作用的结果。

"文化濡化"概念的核心是人及人的文化获得和传承机制，每个民族都有自己的文化传承和文化濡化方式，有时候可以是通过族群个体主观习得的一种技艺、认知或相关文化传统，有时候是身处该民族的文化环境中耳濡目染获得的一种文化传承。"文化涵化"则表现为族群在民族发展中主动或被动地接受另一个群体的文化，在畲族发展历史上，畲汉文化交融的结果体现在民族文化的各个方面，包括服饰形制与装饰特征，这种主动对异文化的接受与认同一般是对相较本民族的现代化程度更高、经济实力更强、生产方式更先进的群体的效仿。例如，明清时期随着各地畲族聚居地的稳定形成，畲民的主体部分逐渐由游耕向定耕转变，在各地服饰样式上均主动接受了汉族服装的基本形制，男装逐渐与汉族相同，女装的衣襟开口等也与清朝女子上衣相仿，甚至在清王朝结束后还将清朝官服的样式保留下来成为男子婚礼服的装束，当属畲族人民主动接受和融合主流文化在服饰上的典型映射。另一方面，这种文化涵化也有部分是被动接受的，主要是源自一些汉族政权的强制改装政策，在很长一段时期，如何引导畲民汉化曾是民国时期民族学研究的议题。如民国时期在景宁曾强制推行畲民服饰汉化制度，许多畲民妇女进城时摘掉凤冠，出城后再将凤冠戴上。对于这种强制改装政策，德国学者史图博曾从民族文化保护角度提出过忧虑和反对。著名历史学家王桐龄认为少数民族与汉民族间主要通过杂居、杂婚、更名、改姓、养子、易服色、变更语言文字和尊重道德伦理这八种方式来实现同化①，这八种方式是文化涵化与濡化的具体表现方式。在现代畲乡，这种文化上的濡化和涵化仍在交替作用，推动着畲族服饰文化的变迁。

现代社会中，受全球经济文化一体化的冲击，畲族传统服饰工艺技术的主动传承呈现衰减状态，但民族环境下一些传统习俗、传说等仍继续对畲族年青一代进行着潜移默化的濡化作用。在本书撰写过程中进行的畲族服饰认知调查分析里，畲族聚居地的青少年学生中对于畲族服饰文化和传统手工艺的认知程度明显要高于普通民众中的调查数据，正是这种文化濡化的一种体现。由于缺乏主动性，这种濡化并不能对民族服饰文化进行完整的传承，而是随着传承代数在逐级衰减，比如景宁县彩

---

① 王桐龄：《中国民族史》，吉林出版集团有限责任公司 2010 年版，第 3—5 页。

带传人蓝延兰在对彩带字符图案的描述中，1999 年的资料显示其能织造并说明寓意的符号有 65 个，而 2009 年笔者采访之时，她只能准确回忆起其中 17 个字符图案的含义。汉文化对畲族文化的涵化作用在经济高速发展、畲汉生活环境持平的当代社会更为明显。虽然我国实行民族平等的政策，尤其在文化发展方面尊重少数民族风俗习惯、宗教信仰、婚姻及丧葬习俗，但仍然难以阻止文化涵化的脚步。广大畲族人民对现代化生活方式的追求和对强势经济体和先进生产方式的学习不自觉地加速了文化涵化的速度。

　　文化的濡化与涵化是任何一个民族发展过程中不可避免会遇到的文化变迁现象，这种变迁是历史发展、社会进步的自然现象，民族服饰就是在这两者交错作用下逐步发展演化的，畲族服饰也不例外，当代畲族服饰产生的一些变化正是文化濡化与文化涵化共同作用的自然结果。

二　社会经济文化的介入性影响

　　介入是一种外来的干预，医学中很早就提出了"介入"治疗的概念，指在一定的设备辅助下将专用医疗器械插入人体特定部位检查、治疗疾病的方法，是一种直接的治疗手段。社会经济文化对畲族服饰的介入式影响则是指在特定的时间和空间中对畲民日常状态的一种渗透与改变，这种渗透和改变借由社会经济文化的跨越式发展对服饰现象和服饰文化产生干预，使之产生超越自身发展速度的突变。民族服饰发展过程中由于濡化和涵化共同作用下产生的渐变式发展是正常的演进状态，但是当代社会经济文化对畲族服饰发展产生的介入式影响则会给民族服饰带来跳跃式的巨大变化，这种突变表现为服饰外观的突然性改变（民族服饰在短时期内从族群主体成员的日常生活中消失，取而代之的是现代服饰装束），民族服饰工艺被本民族青年摒弃且在服饰中的使用由于现代工艺的侵入而大量衰减。这种突变如果失去控制任由发展，很有可能给民族服饰文化带来灭顶之灾。全球化初期的经济文化一体化大潮是导致这种介入性影响的最主要因素。在生产力（以科学技术为核心）和普遍交往不断发展的基础上，人类实践活动不断地跨越时间、空间、制度、文化的障碍，在全球范围内实现人、物质、信息之间普遍联系、达成共识与共同行动，并最终实现个体与全人类的自由全面发展，这就是全球化的过程和趋势，文化的民族性和全球性的矛盾即普遍文化价值与民族文化个性的矛盾是全球化文化的基本特征之一①。然而在欧美等全球化进程更深入的西方国家早已认识到这种文化侵蚀的危害，各国有识之士奔走呼吁要警惕全球化对文化个性的消弭，从这个角度来说全球化强化了人民对民族文化个性发展的关注。

全球化带来了交通的便捷、信息的通达、经济的互通与文化的融合，同时也给历史上相对封闭的少数民族地区带来了社会经济文化的突变，这种跨越式的发展能迅速提高人民生活水平，但是也容易给民族文化发展带来震荡和断层，使民族服饰面临一次从材质、款式到服用习俗、心理的全面激变。

三　民族情感与民族认同的弱化

民族情感是对自己民族所特有的一种纯粹的真挚感情，民族认同即是一个族群的民族意识，是一个民族对自身历史、现状和未来，特别是所处环境的全面、客观的了解和认识。民族情感与民族认同是散落各地的畲族族民仍能维系民族服饰文化统一性的重要因素，强烈的民族情感使各地畲族固守本民族的服饰装束，服饰上特有的装饰、图案、色彩和样式成为外化的祖系认同标志，各地畲族在碰面时可以凭此辨认对方的民族身份，并可以通过服饰外观形成一种认同感，辨识出对方是否同族同支。但是在现代社会的冲击下，这种民族情感和民族认同已经不是那么强烈和纯粹。一方面由于民族平等政策的实施，各民族间呈现开放、和谐的局面，各民族共同发展、共同进步，原来的各种民族冲突减小到最弱，旧时畲族原本坚守的族内通婚制度也在畲汉文化交融的进程中逐渐瓦解，民族的自我意识和排他性也在这个过程中被弱化了。这种退化直接表现为不再坚持原有的民族服饰样式，日常生活中减少甚至不再穿着，对本族不同地区的服饰也无法辨认。

四　宗教信仰与祖先崇拜的淡化

祖先崇拜是原始宗教极为普遍的一种信仰形式，是维系族群成员情感的重要纽带。在畲族历史上长期频繁的迁徙中历经搬迁与动荡，无论家具行装如何删减，始终携带着代表家族祖先的香炉，甚至因为无法过稳定的定居生活修建祠堂而将香炉、祖杖放在扁担上形成"祖担"挑着走，这

---

① 邹广文、常晋芳：《全球化进程中的人》，河南人民出版社 2011 年版，第 10 页。

说明畲族是一个有着高度民族凝集力，非常注重祖先和宗族信仰的民族。除了祖先崇拜外，畲族的巫术崇拜和诸神信仰孕育下的民俗服饰习俗和宗族祭祀服饰、人生礼俗服饰、日常服饰共同构成了畲族服饰的全貌。然而随着社会结构和经济模式的转变，不仅畲族，包括汉族在内的国人宗教信仰和祖先崇拜似乎也发生了一定程度的淡化，全球化使各民族之间生活方式及文化上的差异日渐趋同，宗族祭祀活动举办不像以前那么频繁，一些巫术和仪礼民俗成为民族风情旅游表演展示的内容。宗教信仰的集体缺失是当代社会的普遍状况，而文化融合和生活方式的变化也冲淡了畲民的祖先崇拜情结，一些青年畲民对于盘瓠传说和民族的奋斗发展历程也不甚清楚。这种宗教信仰与祖先崇拜的淡化使畲族青年对民族服饰的固守意识也逐渐弱化，而为了适应现代生活节奏进行的改装以及从众心理也致使民族服饰逐渐退出畲民日常生活的舞台。

第七章

浙闽地区畲族服饰文化的保护与传承

第一节 民族服饰的二元性特征

人类的文化遗产和自然遗产造就了人类丰富多样的生存形式，构成了人类文明的完整性。民族服饰是一个民族文明的象征与符号，记录着民族发展的历史与演变的脉络，属于人类文化遗产的范畴。随着近代工业化的迅速发展以及全球一体化的冲击，民族服饰文化也受到了不同程度的冲击和损坏。人们正在意识到需要对这些文化与遗存实物进行继承和保护，否则将出现一个个丧失文化记忆的族群。探讨民族服饰及其文化的保护与传承之前首先要对民族服饰的特性进行分析。作为民族文化的载体，民族服饰具有物质性与非物质性的二元特点。民族服饰存在的物质性决定了其可以通过收集、整理、展示的方式对历史进行非文本的记录；其非物质的文化特性则需要构建合理有效的文化生态保护机制使其得以延续和发展。在现实中，物质文化遗产和非物质文化遗产关系密切，相互依存，非物质文化促生物质文化，而物质文化遗产是非物质文化遗产的存在依托。它们是有形和无形的结合，在实际操作中要注意整体性，防止单纯文化碎片的保护①。

一 固态的物质性

服饰首先是一种对身体具有保护、装饰功能的物化存在的实体，它是由具有不同视觉和触觉特性的各种不同材质构成的，这就是服饰的固态物

---

① 陈勤建、尹笑非：《试论民间美术非物质文化遗产的活态保护》，《美术观察》2007 年第 11 期。

质性。这种物质性决定了民族服饰有一定的物理存在形式、因其材质的不同所展现出来的质地与肌理特性也不相同。服装材料按品质不同有麻之硬挺、棉之细软、丝之光泽、毛之茸暖，装饰材料也各具风骨，有银之璀璨、玉之温润、竹之斑驳、石之清冷，这些材质的多样性特征带来的是服饰特征的丰富多元。同时，因为不同材质服装的纤维特性和物理牢度不同，周边环境诸如虫蛀、水渍、光照等对其也有不同的影响，所以需要有相应的方法进行保存、运输和展示，例如丝绸、皮毛等动物纤维制品易受虫咬应放在干燥通风处保存，棉制品易生霉需要翻晒，银制品易氧化变黑需要定期护理等。正是依托这种固态的物质性，民俗服饰才能通过各式材质表达相应的色彩、样式、装饰效果等外观特征，并以此传递该民族独特的审美情趣。民族服饰固态的物质性使其可以通过一定的方法进行保存，并通过展示、陈列给观者以直观的视觉感受和感性认识。作为传世实物的服装、鞋帽、饰品和手工艺品，它们以物质性的存在状态无声地描述着本民族的历史、传说、观念和审美。

二　活态的非物质性

虽然民族服饰具有固态的物质性特征，但是它们同时又有非物质性的一面。这些服饰用品的穿戴有其特定的生活场景、节日活动、宗教祭祀等生态文化，一些独特的服饰制作手工艺技术也有其代代相传的传承特色，如苗族女子精美的刺绣和蜡染技艺和畲族女子独特的彩带编织技艺。另外，在一些特殊的民族活动场景中，民族服饰也是必不可少的烘托和装点，如畲族大型的三月三乌饭节、民族歌会、婚嫁风俗中，畲族人民都需要身着民族盛装来参与活动。正是这种非物质的特性赋予民族服饰以独特的人文艺术特色，也正是这种特色使民族文化在经济一体化、文化趋同化的现代社会散发出熠熠夺目的文化之光。民族服饰的这种活态的非物质性决定了民族服饰保护工作不能仅仅对其物质形态的遗存进行保护，而要结合其活态的一面加以综合考虑，对于民族服饰的生长环境、穿着场景和气氛，以及技艺的延续与发展都要进行保护，而且这种保护必须考虑到民族文化赖以生存、延续所必需的民俗文化环境。只有让服饰文化以某种符合当代社会进程发展的方式重新走入畲族人民的生活中，才能保证其生存发展的民俗养分和民众基础，也只有这样，畲族服饰才能保持其旺盛的生命活力而不是博物馆里冷冰冰的死物。

目前，畲族传统服饰及其所依托的服饰文化、手工艺技术等作为非物质文化遗产的身份已被各省级国家认可，2008年中华人民共和国国务院发文《国务院关于公布第二批国家级非物质文化遗产名录和第一批国家级非物质文化遗产扩展项目名录的通知》①（国发〔2008〕19号），批准文化部确定的第二批国家级非物质文化遗产名录（共计510项）和第一批国家级非物质文化遗产扩展项目名录（共计147项），其中浙江省景宁畲族自治县的畲族民歌（Ⅱ-7）入选第一批国家级非物质文化遗产扩展项目名录，景宁的畲族三月三（Ⅹ-73）、罗源县的畲族服饰（Ⅹ-110）入选第二批国家级非物质文化遗产名录。

第二节　保护与传承的现状

一　服饰的保护传承现状

当代社会中，民间传统文化的一部分随着传统的产业和传统生活方式的改变而瓦解或消失了，另一部分正在转化和重组，成为现代社会文化和经济发展中所需要的人文资源②。我国很多民族聚居区的服饰文化不约而同地面临着两个问题：民族文化的去主体化和民族服饰的异化，畲族服饰的保护传承也面临着这两个问题的挑战。目前，浙闽地区对于畲族服饰的保护和传承有保护意识，很多地方着手在做一些民族服饰文化的收集和保护工作，浙江、福建各地纷纷建立畲族文化博物馆，征集服饰藏品展出等，并提出了保护传承的相关政策，如景宁政府提出"畲族文化有形化、文化载体项目化、文化成果精品化"的文化保护原则和畲族民俗文化四个传承的观点：第一是生活化的传承，即让传统的畲族文化回归到畲族群众的日常生活当中去；第二是艺术化的传承，把畲族里面最美的东西，歌舞、文化、彩带、工艺等通过艺术的方式展示出来；第三是经济化的传承，把文化跟经济相结合才能够让普通畲族群众感受到文化的价值，才能自觉自愿地按照畲族传统的生活模式去生活，这种传承是具有决定意义的；第四是社会化的传承，通过一个全社会性的广泛宣传逐渐营造成一种

---

① 中华人民共和国中央人民政府网站（http：//www.gov.cn/）。
② 方李莉：《从遗产到资源：西部人文资源研究》，《民族艺术》2009年第2期。

大家都重视畲族文化，传承畲族文化的氛围。这四个传承的设想从文化、经济和社会的结合点出发，为畲族文化传承提供了一个很好的构架，但这些举措仍存在系统性和综合性不足的遗憾，主要的难点在于全民文化意识的觉醒还不到位，或者有一些有保护和发扬畲族文化的意识但在具体操作时缺乏专业性指导，实际操作中贯彻和执行的力度欠佳。比如在鼓励民族服饰发展时由于畲族杂散居的状况，服饰形制多样，年青一代的畲民自身也容易产生认知混淆，（注意：是混淆而非创新，笔者在畲乡民族服装店问及这些改变时，年轻的畲服制作者也说不清所以然）。

由于大多数民族地区倡导"文化搭台经济唱戏"的开发政策，民族风情旅游项目成为拉动当地经济发展的重要支柱。当地政府和旅游服务公司发展了很多以畲族风俗为卖点的旅游项目，如畲族婚嫁表演，同时大力宣传畲族的三月三民族节日，并联合周边省市的畲族地区文化馆举办歌会活动和民族服饰大赛。这些举措都很好地宣传了民族文化，取得了一定的社会影响。然而在具体操作中很多民俗活动成为揽客的表演节目，活动的民族传统意念逐渐被边缘化，活动主体演变为专职的表演者。对此，民俗研究学者提出要警惕民间文化由"民俗"向"官俗"的蜕变，行政权力主导下民族文化的资本化运作，使文化主体逐渐失去文化发展的主导权，需要通过"还俗于民"重塑普通民众之于非物质文化遗产的主体地位①。

民族服饰的异化现象主要表现为两点：一是放弃自己的民族服饰改穿其他民族的，主要表现为民族服饰的汉化；二是吸取其他民族的部分元素应用在自己的服饰上②，即多民族元素杂糅。笔者在对畲族地区的调查中发现，现代民俗活动中出现的民族服装已从不同程度上受到现代服饰和其他一些少数民族服饰元素的影响，与传统畲族服饰形制相差甚远，时常可见花片裙、银泡、绒毛饰边等其他少数民族的服饰元素出现在当代畲族服饰上。这种民族服饰异化现象的形成有两种可能：一是民族服饰意识淡漠。在对当地民族服饰制作作坊的走访中，问及为什么会有别的民族服饰的元素出现，畲民坦言觉得好看就拿来用于自己的民族服装上，并没有考虑到是否会给畲族服饰带来异化。二是随着经济和社会的发展，民族服饰

___

① 吕俊彪：《非物质文化遗产保护的去主体化倾向及原因探析》，《民族艺术》2009 年第 2 期。

② 祁惠君：《人口较少民族民间文化的保护及传承》，《民族文学研究》2005 年第 4 期。

发展过程中出现的正常进化现象，如新面料的使用、新装饰手段的开发。这些变化是任何一个民族服饰发展进程中随着社会观念和技术的进化而出现的必然结果。我们不能阻止民族服饰的自然发展，但是必须对这种发展加以科学合理的引导。

造成这些问题的最根本原因是服饰生态人文环境的流失。服饰作为一个民族一个时代生活的缩影，其发展必然是和日常生活密切相关的，任何脱离了生存环境的服饰都是失去生命力的物品。服饰会随着人民生活方式的改变和经济发展的状况进行演化，所以合理的民族服饰保护必须要给服饰提供必要的生长环境和发展空间。只有在这样发展的环境下存活下来的民族服饰才是活态的、有灵魂的、能代表一个民族文化和生活的服饰。传统文化载体的消失必将使民族服饰的纯粹性和原生态受到严重的冲击。这种冲击对于以传统手工艺为代表的非物质文化遗产而言破坏性极大。失去生存土壤的民族服饰仅靠表演舞台无法改变其消亡的命运。舞台上的表演服饰来源于民间并进行一定的艺术化、戏剧化的设计加工而成，当失去原态的民族服饰支撑时，表演服饰无异于无源之水、无本之木。我们不反对民族服饰的融合和设计突破，但当这种变化同时伴随着本民族服饰的淡化时，无疑是给民族服饰保护者敲响了警钟。

二　传统手工艺的保护传承现状

畲族服饰传统手工艺的现状也不容乐观。民族服饰中的传统工艺是一个民族发展历程中，全民族人民在共同的审美观价值观作用下形成的对服饰特有的一些加工装饰手段，它不仅是结合民族经济水平和劳动生活特色逐渐沉淀下来的特色工艺，更是民族服饰彰显独特审美情趣的符号。畲族服饰的传统手工艺有的由专职人员师徒相传继承从事，如外衣的刺绣、首饰制作、凤冠银器打造等，有的是通过家庭中的女性代代相传的工艺，如彩带的编织、贴身物件的刺绣。由于生活节奏的加快以及生活方式的改变，传统服饰中的装饰有很多采用粗糙简陋的现代替代品来完成，而传统手工艺所带来的经济收入也无法和外出打工、经商的收入相比，目前畲乡中传统的服饰手工艺，如彩带、刺绣、传统服装制作等均面临着后继乏人的窘状。

作为畲族服饰中统一度最高的彩带（又称字带），原本畲族女子人人都会的工艺现在在各地畲乡几乎只有五十岁以上的妇女才会，年轻女子基本无人会做也无人愿意做。在景宁对彩带编织工艺的非物质文化遗产传承人蓝延兰的采访中了解到，她虽然也带了一些彩带徒弟，但由于畲女自己编织的彩带仅作为日常服饰自用品使用，且年轻女性在日常生活中并不穿用传统服饰，所以彩带的使用价值并不明显。由于编织彩带不能带来显著的经济收入改观，不如打工和经商甚至务农的收益好，相对于现代青年喜欢的游戏、上网、影视娱乐等休闲方式而言，彩带编织过程枯燥乏味。编织彩带既不能作为主要谋生手段成为日常工作，又不适应现代人闲暇娱乐放松的爱好，所以在相关单位组织学习过一阵后，徒弟们纷纷回去忙生计或外出打工了。在浙江景宁黄山头村的调查中，据畲族女青年雷婷婷说，村里的年轻人都不会编彩带了，她奶奶辈（约五六十岁）的老人中有一些还会编织彩带，但也有很多年不曾动手编织了。近年来随着旅游经济的兴起，雷婷婷家开了一家农家乐，出于游客对畲族特色工艺的好奇和需要，她奶奶这两年才又开始编一些彩带，起到招揽生意和展示表演的作用。这些精美的彩带图案和工艺代代口手相传，随着学习织带人数的减少，很多图案正在面临失传的命运。"畲族彩带编织技艺"已经进入浙江省非物质文化遗产名录，但彩带的传承和发展不但需要更多传承人的参与，更需要融入现代生产生活中，才能重焕生机。

福建省福鼎市硖门乡67岁的刺绣老艺人雷朝灏师傅也表示他的刺绣手艺无人继承。现在福鼎市民宗局对于福鼎式服装上精致的刺绣采取了保护措施，通过机绣对传统绣品进行复原和模仿，仿照他的绣品制作实现了图案一致的效果，但机绣成品比手绣粗糙、色彩变化不够丰富，且造型呆板。而且困扰老人的不仅是继承人问题，还有彩绣最重要的绣线材质问题。传统的丝质绣线光泽度好，色彩丰富鲜艳，但在当地市面上很难买到，硖门乡民族专案钟敦畅曾专门陪同雷师傅到义乌寻找合适的绣线，但始终未能寻到合适的丝质绣线，目前雷师傅用的是涤纶线进行彩绣，与丝质绣品相比色泽明显暗淡一些。而在传统刺绣保护的较好的地方，如苏州，一些绣坊有丝质绣线供应，可以通过网络购买，但由于消息不畅且不善网络交易，雷师傅此前一直不知道如何购买。

在民族服饰保存较好的福建省罗源县，畲民女子一般每人会准备一套民族服饰。罗源县松山镇竹里村畲族服饰制作的非物质文化遗产传承人兰曲钗师傅目前是以畲族传统服饰制作为生，主要制作传统的罗源式服装和福安式服装，供应当地居民和政府各种会议中的民族代表的服装需求，一套按照传统工艺制作的闽东畲族服装价格在 400 元至 600 元之间，加上服装上的手绣（福安式与罗源式的手绣面积都不大）耗时约五天左右。现在兰师傅的儿子正在跟着父亲学这门手艺，但由于传统制作工艺烦琐且收入不高，学习和继承的意愿不高。在问及作为省级非物质文化遗产传承人，对于目前的传承发展境况有什么困难和需求时，兰曲钗师傅说，虽然作为传承人政府对其进行扶持，每月会有一些经济上的补助，但仍是杯水车薪，对于一些服饰辅料的厂商也缺乏通畅的渠道，比如目前罗源式服饰中大量使用的花边他只能从福州进货，但质量和价格均不够理想，临行之时，兰师傅反复拜托我帮他寻找一些优质的花边厂家和供应商。

可见，不论浙江还是福建境内的畲族地区，传统服饰手工艺均面临着现代文化和工业化进程的冲击，各地的手工艺传人都陷入了一种弟子难寻的窘境，仅凭一己之力坚守传统工艺的最后领地。另外，虽然已经进入现代信息社会，但是由于老艺人大多不善于使用电脑及网络工具，材料的上下游供应渠道不畅也给他们带来了一定的困扰。

第三节　保护与传承中面临的挑战

正如前文所述，畲族服饰在当代社会中的嬗变是多方面因素造成的，一部分是社会经济发展必然要经历的历程，另有一部分是由于社会变化过快导致的跨越式发展带来的文化阵痛。畲族服饰及文化的保护与传承在经济文化高速发展的当下社会面临着一些问题，这些问题主要出现在新制畲族服饰和当前的畲乡服饰文化现状中，简单概括如下。

一　元素杂糅带来的外观变化

畲族传统服饰有一定的固定式样和装饰风格，在新制作的畲族服饰中大面积地出现了多民族服饰元素杂糅，这种元素杂糅导致了当代畲族服饰外观的变化。元素杂糅有两种类型：一是在畲族服饰类别内，对不同地域的畲族服饰式样中的元素进行杂糅。例如，穿着罗源式的交领上衣，佩戴景宁的珠饰凤冠。还有一种是超越民族界限，对各民族服饰中的元素进行糅合，比如苗族服饰的华丽在南方少数民族中堪称首屈一指，现代畲族服饰中将其元素借鉴过来，在服装的花边边缘加缀银链流苏或直接在镶边百褶裙外添加裙片装饰。这种跨民族糅合有时跨度甚大，甚至是对南北民族服饰间的元素进行杂糅。比如，畲族是典型的南方山地少数民族，喜用短裙绑腿和镶滚绣花装饰，但是在景宁三月三的行嫁踩街活动中的伴娘服饰（见前文图 5－3）是在畲族服装的外面套上镶有毛边的短外套，这显然是对北方游牧民族服饰元素的借用。

二　意识减弱带来的认知混淆

作为对民族生存、民族交往和民族发展综合反映和认识的一种社会意识[1]，民族意识需要民族社会成员来作其载体。民族文化是民族意识的表现形式，民族意识通过民族社会成员的物质文化和精神文化活动等表现出来。民族意识以民族认同意识为核心要素，只要存在民族共同体，就会形成民族意识，特殊的民族生活条件和生活方式是产生民族意识的重要条件之一。随着畲族经济社会结构发展而带来的文化震荡，畲族青年一代中民族意识减弱，并相应带来民族服饰认知上的混淆。在笔者进行的畲族服饰认知调查中，畲族聚居地青少年人群中对于畲族服饰的认知程度虽然高于普通民众，但仍存在认知不全面、不够深入的遗憾。例如，在笔者给出五种不同地区的畲族女子着传统服饰的形象照片时，浙江地区有近半数的被调查者认为他们分属不同民族，而在服饰式样种类较多的福建省的调查对象中，这一数据为 15.17%。这种认知混淆会导致青年畲民对原生畲族服饰样式的意识模糊，这也是新制作的畲族服饰中出现多元素杂糅现象的重要原因。

三　科技发展带来的技术更新

当代社会的科技发展为社会生活的方方面面带来了技术上的更新，这些技术更新也对畲族服饰产生了多维度的影响。首先是现代纺织技术发展带来的服装服饰材料的更新，这种材质更新给畲族服饰提供了更广阔的设计空间和发展空间，使服饰材质在原来的棉麻制品的基础上变得更丰富，材质上的变化也会带来穿着方式的便利和服饰外观的改观，如弹性面料和耐磨材质的使用可以使服装外观更适体、活动更舒适。在设计开发上要注意在尊重传统样式与工艺的前提下进行创新设计开发。其次是服饰制作技术进步对传统服饰手工艺的冲击，一些新工艺新技术的使用必然会侵蚀传

① 贾东海：《新世纪民族意识研究新动向新观点述评》，《西北民族研究》2010 年第 1 期。

统工艺的市场，例如机织花边取代手织彩带、机绣取代手绣。这些当代服饰产品往往制作粗糙，且由于大批量工业化生产而导致千篇一律的纹理、用色和图案，使服饰失去了原有的民族特性和精湛工艺。在应用新技术的同时，必须要提升工艺品质并注意新工艺技术使用的方式方法，防止工业化产品滥用在民族服饰发展中带来的劣币驱逐良币的现象。对传统服饰手工艺要注意保护并引导其盈利模式转变以保证其生存空间。最后是信息技术的发展为畲族服饰产品上下游渠道提供了新的机遇与挑战，这种畅通的信息交流通道是传统服饰发展历史上前所未有的，抓住这个机遇可以发挥畲族服饰的民族文化特色，使传统服饰走出畲乡，并开拓更为广阔的上下游供销渠道。

四 文化冲击带来的审美趋同

文化与社会意识形态依赖于社会存在，并随着社会的发展而发展。经济全球化所带来的资本、技术、人才、知识、信息等生产要素跨国界的流动与配置必然会在不同程度上带来各国民族文化和价值观的改变，随着全球化进程从"经济—技术层面"向"文化—精神层面"的迈进，人们逐渐发现这样一种现象：一方面是全球化给各国的本土文化带来巨大的冲击和震荡，使之空心化；另一方面它又使不同形态的文化带有一种趋同的特征。全球化进程中由于资本的全球自由流动与运作，信息高科技的迅猛发展，跨文化交流使文化传播突破地理与语言的障碍而得以广泛扩展，人们开始从本土文化相对狭小的圈子中走出来，在一个更大的活动空间中，审视人类文化发展的种种表现①。社会经济剧变及文化涵化的影响使畲民的生活方式和社会结构发生了巨大的变化，正经历着全球化语境下民族文化和价值观的冲击与改变，并在服饰文化审美上呈现出一种趋同的趋势。很多畲民走出畲乡外出求学工作，分散居住于城市中，他们是民族服饰审美观念首先受到同化冲击的一批人，畲乡的通信、电视、广播、杂志等信息媒介和无处不在的连锁公司则给现代经济文化得以快速普及提供了便利，留在畲乡的青年畲民的生活娱乐方式也已经十分现代化，服饰审美上与当代社会的主流审美文化趋同，在服饰装扮上畲族青年急于奔向现代文明的怀抱，在畲乡的调查访谈中很多畲民青年都认为牛仔裤高跟鞋的现代时尚

---

① 黄健：《文化审美：全球化语境中的文学批评走向》，《人文杂志》2001 年第 4 期。

装束比传统服饰更美。

第四节　畲族服饰文化保护与传承的对策

一　民族服饰现状的整体普查

对各地畲族聚居区内的民族服饰遗存、民族服饰穿戴使用的现状和民族服饰文化保护与传承的状况应展开整体的普查。从笔者所接触的浙闽畲族地区来看，当地政府及相关单位已经有了民族文化保护意识，但过于注重民俗活动和民族文化歌舞式的表演，反而忽视了一些服饰文化原生态的空间，以及相关民族文化所传递的精神主题、民众传承等。这种服饰现状的普查是一切保护工作开展的前提，除了对本地区服饰现状进行摸底普查外还应该从民族整体观、全局观出发，与周边畲族地区结成片，建立横向的网络。当务之急还应当尽快建立畲族服饰文化的资料库，包括有形遗产的收集、保持与展示，更重要的是建立无形的服饰文化图像、文本、传承人信息的资料库。普查的过程需要有相关高校和科研单位专业人才的介入指导，建议可以考虑政府立项，政府与科研机构联合开展的方式。普查结果以资料库的形式呈现，是对历史的系统梳理以及对现状的忠实记录，这种资料库的建立应通过文字、图片、实物和饰品等多途径的综合手段对包含服饰形制、服饰民俗背景、服饰工艺制作记录等畲族服饰相关内容进行全方位、多维度的记录和重现，可以为畲族文化的普及宣传以及学术研究服务。

二　民族服饰遗产的固态保护

对于民族服饰的固态保护除了让记载着民族历史的服饰走进博物馆、文化馆，还应通过系统整理、科学保存、宣传展览等途径向世人展示其精美的工艺和丰富的民族内涵，同时留给后人一份可观赏、可研究的实物。目前很多民族服饰的保护和展览是依托于民族文化展示而存在，仅作为民族文化的散点式注解。以民族或地域为主体，系统的对其服饰发展历史和迁移脉络的展示较为欠缺。服饰是记录一个民族发展历史和时代变迁的最好载体，因为它不可避免地参与到民族发展的各个历史时期，以最原始的面貌还原时代的经济、技术、物质文明和精神生活，这种固态的保护不仅可以向游客宣传民族服饰文化，还可以对本民族青少年进行民族服饰的认知教育，有利于民族服饰文化持续稳定地保持其多元性。

畲族地区相关部门已经开始有意识地开展相关文化遗产的保护工作，福建省宁德地区建立了中华畲族宫、宁德市博物馆（闽东畲族博物馆）等文化单位，对畲族传统民族民俗文物进行保护和展示陈列。宁德市博物馆（闽东畲族博物馆）隶属宁德市文化与出版局，闽东畲族博物馆成立于1989年，宁德市博物馆成立于2005年，两馆合并办公，实行"一套人马，两块牌子"，馆藏文物以历史文物和畲族民俗文物为主，共3240件，最具特色的是畲族民俗文物，共800多件，大致分5个门类：宗教祭祀，服装首饰，生产用具、生活用具和工艺品。展示了畲族的婚礼、不同地区不同样式的传统服饰以及生产生活习俗等面貌，为观众了解畲族历史和传统文化提供一个直观而又生动的视角。作为我国唯一的畲族自治县，浙江景宁在原"景宁畲族博物馆"基础上扩建为"中国畲族博物馆"，藏品1800余件，以畲族服饰、族谱以及狩猎器物等为特色，2011年起正式开放，以畲族的发展史为主线，通过大量的文物、实物和图片，利用现代高科技表现手法向人们讲述畲族的发展史和畲族的灿烂文化。

除了通过博物馆系统将畲族服饰民俗对外展示外，还可以通过图书馆数据平台对畲族文献进行保存和展示。景宁县图书馆于2008年10月起着手建设畲族文化资源库。此数据库分为畲族文化文献全文数据库和畲族文化实物图片数据库两部分。其中畲族文化文献数据库从载体形式上分论文、专著、音像制品三种；畲族文化实物图片库包括具有畲族特色的服饰、民间工艺、农具、建筑、畲药等。此外还包括畲族婚嫁等一系列具有民俗风情的表演的视频。经过近3年的努力，该数据库的数据覆盖地点从景宁本土到福建、广东等省，该数据库共收录了视频120条，内容包括"畲族婚嫁表演"、"中国景宁三月三'畲族民歌节'"、畲族舞蹈、畲族婚嫁等；图片856张，内容涉及了畲族医药、畲族服饰、畲族农具、畲族建筑、畲族工艺等方面；畲族专著500部、畲族论文600余篇共计52万字，内容包括了畲族史话、畲族工艺、畲族论文、畲族神话等内容，实现畲族文化共享，推进畲族文化宣传、保护、开发利用，使一批濒临失传的山歌、祭祀仪式、刺绣、医学特色方剂等畲族文化瑰宝得以传承①。

---

① 中国景宁新闻网（http://jnnews.zjol.com.cn/jnnews）。

目前来看，相关的固态保护工作开展得较为广泛，但系统性和全局观仍有待加强，在一些相关展示中仍存在一定的服饰样式的混淆。各地区的文博系统应加强交流与联动，并通过和相关研究机构与专业人员的合作，完善展品的系列性，提高展示内容的学术严谨程度。值得注意的是，各类文本、资料库以及博物馆在传承中扮演的只是记录者和研究者的角色，这种固态的记录并不是文化传承的目的与终点。

三　民族服饰文化的活态传承

除此之外，还应当结合服饰发展的特性，给予民族服饰充足的生存环境和生长土壤，即活态传承。活态传承主要包含以下四个途径。

（一）服饰生态的恢复和保护

服饰生态环境是民族服饰存活的空间。中央美术学院非物质文化遗产研究中心主任乔晓光[1]认为，民间活态文化像自然生态一样，不仅要提倡环境保护，同时也应大力提倡文化环境保护，民族民间文化不是通过书本文字来传承的，而是通过民间上千年来的生活形态、生存心理意识积淀传承下来的，民族服饰文化即是这样一种文化形态，以口传身授的非文本的方式进行传承，并以此维持民族特性。它通过一代代族群成员的穿戴及祭祀、民俗活动等来认知、传承民族的历史、神话、族群特征等文化内涵与主题。民间的活态文化资源不是孤立、简单、表面的艺术形式，而是体现一种生存的需要、一种时间顺序的生存行为，是通过一种整体的活动来再现一种生存的主题。应当看到，服饰的主体是"人"，针对它的保护传承不能脱离"人"的因素独立存在，作为非物质遗产的载体置于博物馆展柜、库房等相对封闭隔绝的"有形"时空之中，其"无形"文化如何存活其中？保护非物质遗产不能像保护纪念物、艺术品那样将其束之高阁，它还涉及一系列社会问题、文化问题、心理问题甚至利益冲突和政治问题[2]。对于民族服饰而言，其存在、发生的服饰生态环境是其生存发展的空气与土壤，包括民俗习惯和节日文化。民俗与节日都是文明的象征，是

---

① 乔晓光：《活态文化：中国非物质文化遗产初探》，山西人民出版社2004年版，第27页。
② 潘守永、郭婷：《非物质遗产保护与博物馆职能转换刍议》，杨源、何星亮主编《民族服饰与文化遗产研究——中国民族学学会2004年年会论文集》，云南大学出版社2005年版，第384页。

民族文化的一个重要内容。在一定程度上恢复民族的一些文化习惯和传统节日，还民族服饰赖以生存和发展的文化土壤。比如畲族的醮名祭（传师学师）就是通过一种成丁礼形制的祭祀习俗教导族内新成年的男丁祖先的奋斗历程，通过这种祭祀活动使年轻的族民了解自己民族的历史和文化特征，体现出对祖先的祭拜，完成对图腾文化的教导与传递。

（二）传承人机制的建立

相对于个案的抢救性保护，传统工艺传承的制度和规则的建立可以从源头保证其生命活力，对于以彩带编织为代表的畲族服饰制作技艺应从保护和扶持的角度予以政策倾斜，建立长效稳定的传承人机制，除了对传承人的选择外，对于传承过程及生产生活中遇到的具体问题应跟踪随访。对于各项服饰工艺传承人的继承者是否到位，是否顺利展开学习，学习过程中有何困难，学习后能否凭借这种技能谋生等后续问题都应当给予关注。权利与义务是对应的，对于继承人在自愿基础上进行学习后，应给予一定的补助和相应的监管，在完成传统技艺学习后可以颁发相关证书以证明其学习经历和成果。应该尽力给当地民族营造一个延续传统文化的环境，同时也使他们能够通过继承和展示自己的民族文化获得相应的经济回报。从笔者进行的调查问卷来看，不论是畲族群众自身还是非聚居地的普通民众，对于传统手工艺都有较高的关注度和学习意愿，可以针对聚居地青少年人群开办一些以宣传文化为主、满足个人爱好需求的培训班，并可考虑在学校教育中承认学分；或针对游客开办短期的传统手工艺体验活动。一方面可以扩大传统技艺的知名度，为畲族服饰文化做宣传，另一方面也可增加民族手工艺人和传承人的经济收入。

（三）自然发展、市场应用与旅游开发

民族服饰不应仅仅充当活化石的角色，随着社会和民族的不断发展而进化是它发展的自然过程。对于畲族民族服饰的现代化转化设计也应给予足够的重视，可以通过和设计机构合作的方式应用民族服饰元素开发一些适于当代生活、具有时代感的服饰，通过旅游纪念的方式进行推广。为了推广畲族服饰日常装，增添畲乡的民族氛围，浙江景宁畲族自治县政府自2006 年起连续举办畲族服饰设计大赛，2009 年的设计大赛还邀请了著名服装设计师吴海燕女士以畲族服饰为元素创作一系列服装作品，2012 年大赛升级更名为"首届中国（浙江）畲族服饰设计大赛"，由浙江省民族宗教事务委员会、丽水市民族宗教事务局和景宁县政府联合承办，这些举措不但在文化领域对民族服饰的发展起到了较好的宣传和推动作用，还促进了当代畲族服饰的设计发展。市场和经济的发展是一把双刃剑，在科学专业的引导下，经济与文化的结合可以使当地人民感受到文化的价值，自发自愿地继承传统的生活方式，只有建立在这种群众基础上的传承才是活态的、有生命的传承。也只有这种活态的传承才能赋予民族服饰蓬勃的生命力，在现代社会中保持健康有序的发展。在市场应用开发时应鼓励行业内人才和企业参与合作，保证材料供应和信息渠道的通畅，并扩宽市场对民族服饰产品的接纳度，形成"材料供应——工艺制作——市场接纳（包括传统工艺产品销售、工艺展示和技术培训）"的合理网络，这样才能保持传统工艺的生命力。尤其要注意的是，当前畲族地区民俗旅游对民间原生态文化价值的认知尚不够深入，缺乏文化规划指导。民族地区的旅游业和文化产业必须以科学合理的发展理念为指导，而不能陷入民族文化旅游、民俗风情旅游的利益陷阱中不能自拔，利益驱动下的过度开发导致各种虚假民俗、廉价民间工艺品充斥市场的旅游乱象，对原生态的民族文化产生了极大的负面影响。这种缺乏引导的利益诱惑也是导致当今的畲族服饰呈现出混乱、粗制滥造、审美无序等乱象的重要因素之一。只有将服饰文化与可持续发展的旅游开发理念相结合，通过文化产业拉动经济发展，并带动服饰文化遗产的保护，才是维持民族服饰文化可持续发展的唯一可行方式。民族旅游和文化产业必须以维持民族服饰文化生态的良性运作和健康发展为前提，才能实现双赢，否则只能是涸泽而渔、焚林而猎。

（四）教育传承

教育承载着文明，教育是先进文化的传承者，也是民族文化的传承者[1]。民间文化传承对于传承主体的民众来说，正面临着从自发传承文化向自觉传承文化发展的过渡，在这里，教育传承是一个不能忽略的重要方式，尤其是文化遗产地的教育传承，民族、民间美术作为文化遗产和文化资源进入大学、中小学教育是一个亟待解决、落实的重要课题[2]。民族服饰文化的教育应当走进高校，尤其是一些美术学、艺术学和人类学领域的相关专业高校，从艺术设计教育的角度倡导学生认识民族文化，并在设计

①　刘慧群：《民间非物质文化的大学传承》，西南交通大学出版社 2010 年版，第 157 页。

②　乔晓光：《活态文化：中国非物质文化遗产初探》，山西人民出版社 2004 年版，第196 页。

实践中尝试运用民族元素进行创作。但这种教学传承又不应仅仅局限于专业教育，更需要在广大中小学乃至高校的素质教育中予以体现。校内教育传承的形式主要是课内和课外两种，课内可以通过开设选修课程、鼓励教师在和民族文化相关的专业课程群内寻找适当的结合点进行教学渗透来实现，课外可以邀请相关研究学者进行民族服饰文化和非物质文化遗产保护的相关讲座，还可以组织社团、建立民族服饰兴趣小组和下乡调研活动等课外形式组织相关活动。在关注学校教育的同时不能忽视畲族地区的家庭教育传承，这种父母长辈对子女的民族文化教育传承是民族文化传承最主要也是最有效的形式。

广大畲族聚居地区的相关民族、文化对口单位的管理者是政治的制定者和直接执行者，他们对于当地畲族文化资源首先应该有全面的认知，并抱有高度的热情对文化进行挖掘和开发，对当地服饰遗存、非物质文化遗产传承人的状况应有全面的了解，并能帮助畲族群众和传承人建立畅通的实物收集、整理、保存渠道，以及民族服饰供销体系，拓宽面辅料供应商资源。

结　　论

    本书以浙闽地区的畲族服饰为研究对象，结合实地调查所见的实物和文献、图像资料，对浙闽畲族服饰的发展变迁、服饰遗存、艺术审美、工艺技艺和保护传承等进行了综合研究，得出以下结论：

    1. 浙闽地区畲族服饰是特定人文地理环境影响下的产物。

    服饰是人类适应自然环境的结果，自然环境是民族服饰风格形成的重要因素，畲族生活的自然环境对其服饰的形制、用料、饰物、色彩和图案均会产生影响。畲族是杂散居在我国东南山地间的少数民族，历史上经历了长期且频繁的迁徙，流布于以浙闽为主的东南山地丘陵地带中，所居之处群山环绕，生产劳作条件艰苦。在漫长的历史发展和民族迁徙中，畲族形成了崇尚自然的耕猎生活模式和勤劳勇敢的民族性格及与之相对应的民族服饰风格。畲族服饰短小简洁，多搭配绑腿穿着，能防止山中蚊虫叮咬且便于山间行走劳作；服饰面料主要来源于畲民自种的苎麻，由于畲民历史上擅长种菁，也形成了畲族服饰衣尚青蓝的传统。和苗、彝等注重装饰的民族相比，畲族服饰样式较为简约，但装饰制作工艺精致，从整体造型、用色、装饰等方面均体现了盘瓠后代"好五色衣裳"，"制裁皆有尾形"的特征。长期以来畲汉杂居的生活环境使畲族文化受汉文化影响较多，其宗教信仰除了本民族的始祖传说和俗神信仰外，道教和佛教在畲民中影响甚广，服饰装饰中常用佛道两教的八卦、八仙、卍字图案等，且宗教祭祀服饰形制与道教服饰有较高的相似度。此外，传统服饰中常用的松梅鹿竹等吉祥寓意图案和镶滚、刺绣工艺也与汉族有一定的交融。

    2. 浙闽地区不同畲族服饰之间存在相似性、差异性和脉络相承性。

    浙闽地区畲族的男子服饰基本与汉族服饰相同，由于民族历史和宗教信仰上的共性，两地丧葬祭祀服饰形制也基本相似，各地服饰最具代表性的是女子装束。浙闽畲族女子服饰可以划分为浙江地区的景宁式、福建地区的福安式、霞浦式、罗源式和福鼎式五种式样。散居在浙闽各地的畲族服饰形制各有异同，但并非毫无联系的割裂的存在，它们之间具有一定的相似性、差异性和脉络相承性。其相似性的主要成因是共同的文化认同与民族归属感；差异性的主要成因是民族迁徙和迁徙后与周边民族居民的文化融合，以及由此产生的服饰次文化圈的影响；脉络相承性的成因主要是共同的民族归属以及历史的迁徙。

它们的相似性表现为：第一，共同的盘瓠信仰下产生的服装形制上的统一，女子佩戴凤冠的习俗也是对始祖嫁衣传说的传承。第二，服饰色彩搭配上的相似性，服装主体部分衣尚青蓝，边缘装饰和刺绣多为红色，和蓝黑色服饰本料形成反差和对比。第三，服饰装饰工艺的相似性，手工彩带编织工艺是贯穿各地畲族服饰的共同手工技艺，浙闽各地的彩带织纹具有高度的统一性。

它们之间的差异之处在于：第一，上衣开襟和领口的具体形制不同。第二，装饰的面积和多寡不同。第三，凤冠的样式及佩戴习惯不同。第四，拦腰的装饰细节不同。浙闽畲族服饰之间的脉络相承性在服饰上主要表现为以罗源式繁复的镶边和刺绣装饰为起点，分成重镶和重绣两条线路：景宁式继承罗源式以镶边为主的装饰手法，但是面积和繁复程度大为降低；霞浦式与福鼎式较为相似，装饰主要手法由镶边转为绣花。福安式是两条线路分岔的节点，介乎两者之间，兼用镶边与绣花，整体风格朴素。

以罗源为起点，福安、霞浦、福鼎各地在畲民迁入及随后畲汉交融的定居生活中形成了各具地方特色的式样，而景宁的服装则是与当地汉族服饰融合后形成的样式，且由于远迁而固守了一些原始的服饰元素和习俗。在福建境内，福安式是从罗源镶边装饰到霞浦绣花装饰的过渡阶段，迁徙带来的服饰相互影响在福鼎和苍南一带表现得最清晰，由于存在互迁的历史，服饰上也存在明显的趋同性。

畲族服饰审美可以从造型、色彩、图案和意蕴四个维度进行分析，它们共同的审美基因源自各地畲族人民共同的民族认同和祖先崇拜，是畲民崇尚自然与常年耕猎生活模式的体现，也是畲汉文化交融及民族宗教信仰的产物。民族传统习俗是畲族服饰文化的精神承载媒介，传统工艺技术则是其物质承载媒介。

3. 畲族服饰保护与传承应在整体普查的基础上进行固态保护和活态传承。

当代社会，浙闽两地的畲族服饰在现代经济文化冲击下正面临前所未有的震荡与变化，存在着表象繁荣，根源枯竭的危险，应在整体普查的基础上从固态保护和活态传承两方面对其进行保护与传承。畲民身着民族服饰参加各种民俗表演活动，但在日常生活中已经很难见到保存完整的原生态民族服饰，现代民俗表演中的畲族服饰大多已经偏离原貌，出现了粗制劣造、工艺简化、元素杂糅的现象。民族服饰人文生态环境退化，服饰元素出现杂糅状态，加之传统技艺传承人缺乏，这些共同构成了当代畲族服饰保护与传承的困扰。当代社会中畲族传统服饰的嬗变可以归结为服饰穿着场合、外观形材、传统工艺的变化以及畲民着装心态变化这几大因素，导致这些变化的原因则主要来自少数民族地区服饰文化濡化与涵化的自然结果、全球化语境下社会经济文化对畲族服饰产生的介入性影响，以及这种影响带来的畲族群众集体民族情感和民族认同的弱化与宗教信仰祖先崇拜的淡化。

民族服饰兼具物质和非物质的二元性特征，针对这种二元性特征，保护传承工作应从两方面入手，即以博物馆形式为代表的固态保护、民俗生态环境保护和以民族技艺、风俗习惯为代表的非物质遗产的活态传承。对应现代畲族服饰出现的外观元素杂糅、工艺技术更新和畲民对服饰的认知混淆与文化冲击下的审美趋同，畲族服饰文化的保护与传承除了常态意义上的保护与传承外，还应着重加强对民族服饰遗存与服饰文化的整体普查。通过整体普查建立畲族服饰的资料库，不仅是对历史的整理，更是对现状的记录，这种资料库的建立应通过文字、图片、实物和饰品等多途径的综合手段对服饰形制、服饰民俗背景、服饰工艺制作记录等畲族服饰相关内容进行全方位、多维度的记录和再现。畲族服饰的教育传承途径与相关专业研究、从业人员的培养也是服饰文化活态传承中不容忽视的一环，民族服饰的穿着者、使用者、观赏者、政策制定者和实施者都是"人"，只有全面提升相关群体的文化意识，才能从根本上建立着眼于未来的保护与传承体系。从服饰发展的角度出发，民族服饰本身就是随着社会历史的滚滚洪流不断向前发展的，不能以保护的借口遏制其正常发展，对于新工艺、新技术应当采取开放接纳的态度。由于畲乡面临的社会经济文化跨越式发展带来的突变容易产生不稳定的服饰发展，在面对文化震荡和技术变革的同时需要学者和政府合作，对这种变化给予符合文化发展规律的引导，以防服饰文化的断层和畸变。

　　服饰以非文本的方式记录着民族历史和文化变迁，各民族多姿多彩的服饰文化共同构成了我国民族文化的多样性，对畲族服饰文化的研究对于保存古老的畲族文化，认识畲族服饰在民族文化中的地位和作用有重要的意义。只有充分地了解过去才能清醒地认识现在，进而创造美好的未来。灿烂的畲族服饰文化是畲族先民们留给我们的宝贵财富，在社会经济面貌日新月异的今天，怀揣对古老文化的敬意，以平和开放的心态面对新的变迁，对畲族服饰遗存进行保护整理，传承畲族服饰文化，促使其健康发展是我们肩负的使命与责任。

参 考 文 献

[1] 顺昌县地方志编纂委员会：《顺昌县志》，中国统计出版社 1994 年版。

[2] 俞郁田：《霞浦县畲族志》，福建人民出版社 1993 年版。

[3] （南朝宋）范晔、（唐）李贤等注：《后汉书·卷八十六南蛮传》，中华书局 1965 年版。

[4] 游文良等：《罗源县志》，方志出版社 1998 年版。

[5] 蓝运全、缪品枚：《闽东畲族志》，民族出版社 2000 年版。

[6] 福建省霞浦县地方志编纂委员会：《霞浦县志》，方志出版社 1999 年版。

[7] 浙江省少数民族志编纂委员会：《浙江省少数民族志》，方志出版社 1999 年版。

[8]《惠州府志·卷一四·外志》，明嘉靖刊本。

[9]《永春县志·卷三·风俗》，明万历刻本。

[10] 黄惠：《龙溪县志·卷十·风俗·杂志》，清乾隆二十七年修。

[11] 周杰：《景宁县志·卷十二·风土·附畲民》，清同治十一年刊本。

[12] 福建省地方志编纂委员会：《福建省自然地图集》，福建科学技术出版社 1998 年版。

[13] 李拔：《汀州府志·卷四五·丛谈附》，清同治六年刊本。

[14] 余绍宋：《龙游县志·卷二·地理考·风俗》，民国十四年版。

[15] 邓光瀛：《长汀县志·卷三五·杂录畲客》，民国二十九年修。

[16] 张景祁：《福安县志·卷三八·杂记》，清光绪十年刊本。

[17] 周春椿：《处州府志·卷二九·艺文志中·文编三》，清光绪三年刊本。

[18] 周春椿：《处州府志·卷二四·风土》，清光绪三年刊本。

［19］吕渭英：《侯官县乡土志・卷五・人类和地形略》，清光绪刊本。

［20］（清）傅恒等：《皇清职贡图・卷三》，辽沈书社 1991 年版。

［21］张大为等编：《胡先骕文存（上）》，江西高校出版社 1995 年版。

［22］沈作乾：《畲民调查记》，《东方杂志》1924 年第 7 期。

［23］沈作乾：《括苍畲民调查记》，《北京大学研究年国学月刊》1925 年第 4 期。

［24］董作宾：《福建畲民考畧》，《国立第一中山大学语言历史学研究所周刊》1927 年第 11 期。

［25］董作宾：《说"畲"》，《北京大学研究年国学月刊》1937 年第 13 期。

［26］［德］史图博、李化民：《浙江景宁敕木山畲民调查记》，《国立"中研院"社会科学研究所专刊》1932 年第 6 期。

［27］何子星：《畲民问题》，《东方杂志》1933 年第 13 期。

［28］徐益棠：《浙江畲民研究导言》，《金陵学报》1933 年第 2 期。

［29］何联奎：《畲民的图腾崇拜》，《民族学研究集刊》1936 年第 1 期。

［30］何联奎：《畲民的地理分布》，《民族学研究集刊》1940 年第 2 期。

［31］（宋）刘克庄：《漳州谕畲・后村先生大全集卷九三》，四川大学出版社 2008 年版。

［32］（宋）文天祥：《文山先生全集・卷一一》，商务印书馆 1936 年版。

［33］（清）李调元：《卍斋璅录・卷三》，商务印书馆 1937 年版。

［34］（清）蓝鼎元：《鹿洲全集・卷十二》，蒋炳钊等点校，厦门大学出版社 1995 年版。

［35］傅衣凌：《福建畲姓考》，《福建文化》1934 年第 1 期。

［36］（清）杨澜：《临汀汇考・卷三・风俗考・畲民附》，清道光刻本。

［37］（明）王圻、王思义：《三才图会・衣服一卷廿七》，上海古籍出版社 1988 年版。

［38］凌纯声：《畲民图腾文化的研究》，《国立"中研院"历史语言研究所集刊・第 16 本》1947 年版。

［39］［法］罗兰・巴特：《符号学美学》，董学文、王葵译，辽宁人民出版社 1987 年版。

［40］郭志超：《畲族文化述论》，中国社会科学出版社 2009 年版。

［41］邱国珍：《浙江畲族史》，杭州出版社 2010 年版。

［42］雷弯山：《畲族风情》，福建人民出版社 2002 年版。

［43］施联朱：《畲族》，民族出版社 1988 年版。

［44］黄光学、施联朱：《中国民族识别》，民族出版社 1995 年版。

［45］钟雷兴：《闽东畲族文化全书·服饰卷、工艺美术卷》，民族出版社 2009 年版。

［46］常沙娜：《中国织绣服饰全集·少数民族卷（下）》，天津人民美术出版社 2005 年版。

［47］吴永章：《畲族与瑶苗比较研究》，福建人民出版社 2002 年版。

［48］钟茂兰、范朴：《中国少数民族服饰》，中国纺织出版社 2006 年版。

［49］王朝闻、邓福星、张晓凌：《中国民间美术全集穿戴篇·服饰卷（上）》，山东教育出版社、山东友谊出版社 1993 年版。

［50］李春生：《中国少数民族图典》，中国画报出版社 2005 年版。

［51］臧迎春：《中国少数民族服饰》，五洲传播出版社 2004 年版。

［52］杨源：《中国民族服饰文化图典》，大众文艺出版社 1999 年版。

［53］［美］C. 恩伯、M. 恩伯：《文化的变异》，杜杉杉译，辽宁人民出版社 1988 年版。

［54］韦荣慧：《中华民族服饰文化》，纺织工业出版社 1992 年版。

［55］郑晓云：《文化认同与文化变迁》，中国社会科学出版社 1992 年版。

［56］［美］克莱德·M. 伍兹：《文化变迁》，何瑞福译，河北人民出版社 1989 年版。

［57］孙洪斌：《文化全球化研究》，四川大学出版社 2009 年版。

［58］高建平：《全球化与中国艺术》，山东教育出版社 2009 年版。

［59］宋蜀华、白振声：《民族学理论与方法》，中央民族大学出版社 1998 年版。

［60］《国家级非物质文化遗产大观》编写组：《国家级非物质文化遗产大观》，北京工业大学出版社 2006 年版。

［61］乔晓光：《活态文化：中国非物质文化遗产初探》，山西人民出版社 2004 年版。

［62］瞿明安主编：《当代中国文化人类学（上）》，云南人民出版社 2008 年版。

［63］易中天：《艺术人类学》，上海文艺出版社 1992 年版。

［64］林聚任、刘玉安：《社会科学研究方法》，山东人民出版社 2004 年版。

[65]《畲族简史》编写组:《畲族简史》,民族出版社 2008 年版。

[66] 郝时远:《中国少数民族分布图集》,中国地图出版社 2002 年版。

[67]《中国少数民族》修订编辑委员会:《中国少数民族》,民族出版社 2009 年版。

[68] 蒋炳钊:《畲族史稿》,厦门大学出版社 1988 年版。

[69] 石奕龙:《关于畲族族源的若干问题》,施联朱:《畲族研究论文集》,民族出版社 1987 年版。

[70] 谢重光:《畲族与客家福佬关系史略》,福建人民出版社 2002 年版。

[71] 游文良:《畲族语言》,福建人民出版社 2002 年版。

[72] 张士闪、耿波:《中国艺术民俗学》,山东人民出版社 2008 年版。

[73] 童庆炳主编:《文学理论教程(修订版)》,高等教育出版社 1998 年第二版,2000 年第 6 次印刷。

[74] 王桐龄:《中国民族史》,吉林出版集团有限责任公司 2010 年版。

[75] 邹广文、常晋芳:《全球化进程中的人》,河南人民出版社 2011 年版。

[76] [日]柳田国男:《民间传承论与乡土生活研究法》,王晓葵、王京、何彬译,学苑出版社 2010 年版。

[77] 游文良:《福安畲族方言熟语歌谣》,福建人民出版社 2008 年版。

[78] 赵杏根、陆湘怀:《实用中国民俗学》,东南大学出版社 2005 年版。

[79] 施联朱:《关于畲族来源与迁徙》,《中央民族学院学报》1983 年第 2 期。

[80] 潘宏立:《福建畲族服饰研究》,《厦门大学》(硕士学位论文)1985 年。

[81] 张振岳、俞敏、崔荣荣:《汉、畲族传统服饰风纹比较研究》,《前沿》2011 年第 18 期。

[82] 肖芒:《畲族"凤凰装"的非物质文化遗产保护价值》,《中南民族大学学报》(人文社会科学版)2010 年第 1 期。

[83] 苏和平:《畲族工艺文化浅论》,《甘肃理论学》2005 年第 9 期。

[84] 徐健超:《景宁畲族彩带艺术》,《装饰》2005 年第 4 期。

[85] 邱国珍:《畲族"盘瓠"形象的民俗学解读》,《广西民族学院学报》(哲学社会科学版)2003 年第 6 期。

[86] 雷弯山:《畲族传统文化特色与存在原因分析》,《丽水师专学报》

（社会科学版）1996 年第 4 期。

［87］俞敏、崔荣荣：《畲族"凤凰装"探析》，《丝绸》2011 年第 4 期。

［88］吴微微、陈良雨：《浙江畲族近代女子盛装审美艺术》，《纺织学报》2008 年第 1 期。

［89］吴微微、骆晟华：《浙江畲族凤冠凤纹及其凤凰文化探讨》，《浙江理工大学学报》2008 年第 1 期。

［90］叶桦：《畲族服饰图案的美术内涵》，《装饰》2004 年第 7 期。

［91］金成熺：《畲族传统手工织品——彩带》，《中国纺织大学学报》1999 年第 2 期。

［92］雷志良：《畲族服饰的特点及其内涵》，《中南民族学院学报》1996 年第 5 期。

［93］闫晶、范雪荣、陈良雨：《文化变迁视野下的畲族古代服饰演变动因》，《纺织学报》2012 年第 1 期。

［94］黄锦树：《源出少昊帝来自君子国——畲族族源考》，《韩山师范学院学报》2011 年第 4 期。

［95］闫晶、范雪荣、吴微微：《畲族古代服饰文化变迁》，《纺织学报》2011 年第 2 期。

［96］雷法全：《对畲族文化继承与创新的思考》，《丽水学院学报》2007 年第 6 期。

［97］缪丹：《试论闽东畲族文化资源的保护与传承》，《黑龙江史志》2011 年第 18 期。

［98］陈栩、陈东生：《福建畲族彩带工艺研究》，《福建论坛》（人文社会科学版）2011 年第 4 期。

［99］吕品田：《在生产中保护和发展——谈传统手工技艺的"生产性方式保护"》，《美术观察》2009 年第 7 期。

［100］王海霞：《民间美术保护工作应注意的两个问题》，《美术观察》2007 年第 11 期。

［101］方李莉：《从艺术人类学视角看西部人文资源和西部民间文化的再生产》，《民族艺术》2006 年第 1 期。

［102］王克旺：《畲族一些风俗习惯消失的思考》（丽水师专学报）1998 年第 2 期。

［103］俞敏：《近现代福建地区汉、畲族传统妇女服饰比较研究》，江南

大学（硕士学位论文）2011 年。

[104] 周梦：《苗侗女性服饰文化比较研究》，中央民族大学（博士学位论文）2010 年。

[105] 魏云：《世界文化遗产的理论拓展与实践运作》，《民族艺术研究》2004 年第 2 期。

[106] 巴莫曲布嫫：《非物质文化遗产：从概念到实践》，《民族艺术》2008 年第 1 期。

[107] 吴平：《非物质文化遗产的载体化保护与传承》，《贵州社会科学》2008 年第 11 期。

[108] 王筱芸：《颠覆与建构：另一种历史叙述的意义——评〈古诗文名物新证〉》，《文学评论》2005 年第 3 期。

[109] 吴剑梅：《论畲族女性崇拜与女性服饰》，《装饰》2007 年第 5 期。

[110] 彭兆荣、龚坚：《口头遗产与文化传承——以非物质文化遗产"畲族小说歌"为例》，《民族文学研究》2009 年第 2 期。

[111] 蓝岚：《畲族祖图长卷艺术价值初探》，《文化艺术研究》2011 年第 1 期。

[112] 邱国珍、赖施虬：《畲族"刀耕火种"生产习俗述论》，《温州师范学院学报》（哲学社会科学版）2005 年第 3 期。

[113] 费孝通：《民族社会学调查的尝试》，《中央民族学院学报》1982 年第 2 期。

[114] 张崇根：《畲族族源东夷说新证》，《中南民族学院学报》1986 年第 4 期。

[115] 傅衣凌：《闽俗异闻录》，《福建文博》1984 年第 1 期。

[116] 陈元煦：《试论闽、越与畲族的关系》，《福建论坛》1984 年第 4 期。

[117] 谢重光：《畲族在宋代的形成及其分布地域》，《韩山师范学院学报》2001 年第 3 期。

[118] 蓝雪霏：《畲族醮仪音乐研究》，《音乐研究》2001 年第 3 期。

[119] 吕锡生：《畲族迁徙考略》，施联朱：《畲族研究论文集》，民族出版社 1987 年版。

[120] 闫晶：《近代景宁畲族宗教服饰文化研究》，浙江理工大学（硕士学位论文）2004 年。

［121］　方李莉：《从遗产到资源：西部人文资源研究》，《民族艺术》2009 年第 2 期。

［122］　吕俊彪：《非物质文化遗产保护的去主体化倾向及原因探析》，《民族艺术》2009 年第 2 期。

［123］　祁惠君：《人口较少民族民间文化的保护及传承》，《民族文学研究》2005 年第 4 期。

［124］　黄健：《文化审美：全球化语境中的文学批评走向》，《人文杂志》2001 年第 4 期。

［125］　贾东海：《新世纪民族意识研究新动向新观点述评》，《西北民族研究》2010 年第 1 期。

［126］　潘守永、郭婷：《非物质遗产保护与博物馆职能转换刍议》，杨源、何星亮：《民族服饰与文化遗产研究——中国民族学学会 2004 年年会论文集》，云南大学出版社 2005 年版。

［127］　张竞琼、宋倩：《苏南水乡妇女服饰中的镶滚工艺》，《天津工业大学学报》2009 年第 2 期。

［128］　叶德初、杨世朋：《浓浓民族情 蒸蒸事业景——走进温州民族乡村》，《温州日报》2010 - 12 - 3 (3)。

［129］　国家民族事务委员会门户网站（http：//www. seac. gov. cn）。

［130］　中国民族宗教网（http：//mzzjw. com/）。

［131］　国家统计局资料（http：//www. stats. gov. cn/tjsj/pcsj/rkpc/6rp/in-dexce. ht）。

［132］　中国福建网（http：//www. fujian. gov. cn）。

［133］　浙江地方志（http：//www. zjol. com. cn/05zjtz）。

［134］　福建省情资料库（http：//www. fjsq. gov. cn/）。

［135］　福州地情网（http：//www. fzdqw. com/）。

［136］　宁德市情网（http：//www. ndsqw. com）。

［137］　畲族文化数据库（http：//61. 175. 198. 143：8081/pub/shzwh/）。

［138］　中国畲乡网（http：//www. jingning. gov. cn/）。

［139］　畲族山民网（http：//www. SHEzu. org. cn/）。

［140］　畲族网（山客之家）（http：//www. sanhak. cn/）。

［141］　顺昌资讯网（http：//www. sczxw. com/）。

［142］　南平妇女网（http：//www. nanping-woman. org/）。

[143] 大成老旧刊全文数据库 (http://www.dachengdata.com/)。

[144] 台胞之家网 (http://www.tailian.org.cn)。

[145] 中国畲乡论坛 (http://bbs.jn0578.com)。

[146] 浙江省万村联网 (http://xnc.zjnm.cn/zdxx)。

[147] 温州网 (http://news.66wz.com)。

畲族服饰认知调查问卷

为了保护传统服饰并调查大众对畲族服饰的认知程度，特展开此次调查。感谢您对民族服饰文化保护的支持！

1. 您的性别：
a）男　　　　b）女
2. 您的民族：
a）汉族　　　　b）畲族　　　　c）其他少数民族　　　　d）外籍人士
3. 您来自什么地区？
a）非畲族聚居地区
b）畲族聚居区，请注明＿＿＿＿＿＿＿＿（省、市、县）
4. 您的年龄段：
a）18 岁以下　　　　　　b）18—30 岁
c）30—40 岁　　　　　　d）40—50 岁
e）50 岁以上
5. 您的文化程度：
a）小学及以下　　　　　　b）初中
c）高中　　　　　　　　　d）商业或职业资格
e）大专　　　　　　　　　f）大学本科
g）研究生以上
6. 参加本调查前，您知道畲族这个民族吗？
a）知道
b）不知道　　（请跳至问卷末尾，提交答卷）
7. 您对畲族传统服饰形象的认知如何？
a）知道，可以清晰分辨
b）完全不知道　　（请跳至问卷末尾，提交答卷）

c）大概知道样式，但具体说不清

8. 您对畲族服饰形象的认知来源于：【提示：可单选多选，不限选项】

a）学校教育　b）电视宣传　c）网络宣传　　　　d）旅游见闻

e）学术讨论　f）熟人朋友　g）其他，请说明：＿＿＿＿＿＿＿

9. 提到畲族，您想到的地理位置是？【提示：可单选多选，不限选项】

a）华东地区　b）华南地区　c）华中地区　　　　d）华北地区

e）西北地区　f）西南地区　g）东北地区　　　　h）完全无概念

10. 提到畲族，您首先想到的省份是？【提示：可单选多选，不限选项】

a）浙江　　　　b）福建　　　c）广东　　　　　d）江西

e）安徽　　　　f）贵州　　　g）湖南　　　　　h）完全无概念

i）其他省份，请写出：＿＿＿＿＿＿＿＿

11. 提到畲族传统服饰，您首先想到的是：

a）女子服饰　b）男子服饰　c）两者皆有

12. 您认为畲族女子传统服饰是来源于对什么的崇拜？

a）龙　　　　　b）凤　　　　c）麒麟　　　　　d）老虎

e）不知道　　　f）其他，请说明：＿＿＿＿＿＿＿＿

13. 您认为分布在不同地区的畲族传统服饰是相同的吗？

a）是　　（请跳至第 15 题）　b）不是

14. 您所知道的地区代表性畲族传统服饰样式有几种？

a）1 种　　　b）2 种　　　c）3 种　　　　　d）4 种

e）5 种　　　f）6 种以上　g）不知道

15. 以下图片您认为是畲族传统服饰的是：【提示：可单选多选，不限选项】

a）　　　b）　　　c）　　　d）　　　e）　　　f）我不确定是哪个

16. 您对上一题中的图片认知是：

a）我能准确分辨出他们各自所属地区　（请跳至第 17 题）

b）他们分属不同民族　（请跳至第 18 题）

c）他们其中一部分属于同一民族　（请跳至第 17 题）

d）他们属于同一民族　（请跳至第 18 题）

e）我一个都不认识　（请跳至第 18 题）

17. 您知道国家认定的畲族传统服饰来自哪一种式样吗？

a）宁德（福安）式　　　　　b）罗源（飞鸾）式

c）霞浦式　　　　　　　　　d）福鼎式

e）景宁式

f）其他，请说明：＿＿＿＿＿＿＿ g）不知道

18. 您见过真实穿着畲族服饰的人吗？

a）见过　（请跳至第 20 题）

b）没见过

19. 您对畲族服饰的认知主要来自：

a）电视　（请跳至第 22 题）

b）宣传图片资料　（请跳至第 22 题）

c）网络　（请跳至第 22 题）

d）学校教育　（请跳至第 22 题）

e）其他　（请跳至第 22 题）

20. 您认为在现代日常生活中，能否从服饰外观辨识出对方是否是畲族？

a）能，一眼能看出来是畲族

b）不能，平时服饰外观和汉族一样

c）一般，知道是少数民族但不知道是畲族

21. 您一般能在什么场合看见穿着畲族服饰的畲民？【提示：可单选多选，不限选项】

a）日常生活中　　　　　b）重大节日

c）重要活动　　　　　　d）民俗表演

e）其他场合

22. 您认为目前新制作的畲族服饰（如民俗表演中的服饰）是否能代表畲族服饰的传统式样和工艺水平？

a）可以代表　b）不能代表　c）我无法判断

23. 您觉得畲族女子传统服饰给您留下印象最深刻的是：

a）头饰　　　　　　　　b）花边衫

c）饰有彩带的拦腰（围腰或围裙）

d）绑腿　　　　e）绣花鞋　　f）说不清

g）其他，请说明：_____

24. 您认为现代新制作的畲族服饰不足在何处？【提示：可单选多选，不限选项】

a）工艺粗糙

b）颠覆传统样式形制，加入其他民族服饰元素

c）材料劣质

d）其他，请说明：_____

25. 您认为目前畲族传统服饰是否有必要保护？

a）非常必要　　　b）有必要　　　c）无所谓　　　d）没有必要

26. 您认为在现代生活中畲族传统服饰应如何存在？【提示：可单选多选，不限选项】

a）进入博物馆保存、展览，生活中不再穿用

b）继续在每天的日常生活中穿用

c）在节假日、重要场合穿用

d）不适合现代社会应予以摒弃

e）其他，请说明：_____

27. 您认为当代畲族服饰应该：

a）与时俱进，维持民族特征基础上运用现代技术和材质进行创新发展

b）保持传统原貌，沿用传统工艺手段

c）其他，请说明：_____

28. 您知道彩带（织带）这一畲族传统服饰手工艺吗？

a）知道　　　　　　　　b）听说过，但不了解

c）不知道

29. 您认为畲族传统服饰中一些手工艺如彩带和刺绣，有必要继续传承下去吗？

a）非常有必要　　　　　　b）无所谓

c）没必要，不适合这个时代了

30. 如果有免费学习畲族传统服饰手工艺的机会，您愿意参与吗？

a）愿意

b）不愿意，请说明原因：＿＿＿＿＿＿＿

31. 您认为畲族服饰文化保护和传承中有必要保持民俗生活环境吗？

a）有必要，传统民俗节庆是服饰文化生存的环境

b）无所谓，顺其自然发展，服饰文化自生自灭

c）没必要，畲族人民要过上现代生活，老的习俗不适应时代

32. 您认为现代新制畲族服饰中能否加入其他民族服饰元素（如毛毛边、毛球、花片裙等）？

a）可以　　　　　　　　b）不可以

c）其他，请说明：＿＿＿＿＿＿＿

33. 您觉得和其他民族服饰相比，畲族传统服饰的最大特征是什么？

后　记

本书是在博士学位论文的基础上修改而成的。首先要感谢我的导师许星教授带领我进入民族服饰文化研究的斑斓世界，论文的选题方向、文章构架、案例表达等诸多方面都离不开她的教导，许老师娴静的气度、认真的工作精神和严谨的学术态度将使我获益终身；同时也要感谢苏州大学刘国联教授和陈雁教授在问卷调研、文章结构等方面提出的宝贵意见。

民族服饰选题的研究有苦有乐，广大畲乡地处崇山峻岭，云蒸雾霾，山路曲折，民风淳朴，田野调查使我领略了"十里不同风，百里不同俗"的民俗文化；文献查阅让我感受到服饰原貌在古籍字里行间逐渐显影的喜悦。忘不了搭乘着老乡的摩托疾驰在畲乡山路的飞扬，以及镜头下一张张朴实的笑脸和畲乡人民的真挚热情。浙闽各地的民宗局、文化局相关人员给我提供了莫大的帮助，他们不厌其烦地给我介绍当地畲族分布与服饰文化现状，帮我联系县、乡、村各级相关负责人员，为我引荐畲族老手工艺人。感谢宁德市文化与出版局艺术科、宁德市博物馆（闽东畲族博物馆）、霞浦县文化馆、罗源县民宗局、福鼎市民宗局、桐庐县莪山畲族乡文化馆、景宁畲族博物馆、景宁一中、桐庐县莪山民族小学、霞浦民族中学、宁德市民宗局事业科詹林主、福建省收藏家协会阮晓东、浙江省博物馆石超、景宁畲族博物馆馆长梅丽红、宁德市蕉城区民宗局副局长雷良玉、罗源县民宗局郑兴东、罗源县松山镇竹里村非物质文化遗产传承人兰曲钗、景宁县非物质文化遗产传承人蓝延兰、蓝陈契、霞浦县闽东畲族婚俗非物质文化遗产传承人雷其松、福鼎市硖门乡民族专案钟敦畅、硖门乡刺绣老艺人雷朝灏、霞浦县民宗局办公室钟光荣主任、桐庐县莪山民族小学单振华校长、桐庐县横村国土资源所王志松所长、桐庐县莪山乡文化工作站朱林生主任，还有许多在调查沿途帮助过我的不知名老乡，在此一并谢过。

在论文调研和写作过程中，要感谢我的博士同学秦芳、郑喆在调查问卷和数据分析方面给我的建议和帮助，还要感谢浙江理工大学王丽娴、洪艳、宋文冲、经渊、楼向英老师的热心帮助和牵线搭桥，他们中的一些人甚至没见过面，仅凭网络和电话联系，他们的无私相助解决了论文资料收集工作的燃眉之急。

还要感谢浙江省社科规划基金对本研究的资助，感谢浙江理工大学服装学院多年来的关心和培养，感谢中国社会科学出版社的宫京蕾编辑的帮助，使本书得以顺利出版。

最后，要感谢父母对我多年的教育和培养，在文章写作过程中我的先生给予了我极大的包容与照顾，在书稿完成的过程中，母亲陪伴我长途跋涉完成田野调查，并协助完成了图片资料整理复原和数据录入等琐碎工作。

民族服饰文化是一个巨大的宝库，博士论文的写作使我得窥冰山一角，由于时间、精力和篇幅所限，对于畲族服饰的研究尚有诸多未尽之处。四年艰辛一朝成文，是终点也是起点，是热爱更是责任，在以后的工作和学习中我将以此为基础进行深入和完善，为民族服饰研究尽自己一份绵薄之力。

谨以此书献给所有关心和支持我的亲人、朋友，你们是我前行的动力！

由于作者水平有限，书中错漏不当之处敬请读者和同行批评指正。

陈敬玉

2015 年 5 月于杭州